Peter Gruber

KRAFTFELD Unternehmer

Peter Gruber

# KRAFTFELD
# Unternehmen

## Menschen führen –
## Energien wecken

**SiGNUM**

Besuchen Sie uns im Internet unter
www.signumverlag.de

© by Amalthea Signum Verlag GmbH, Wien
Alle Rechte vorbehalten
Schutzumschlag: g@wiescher-design.de
Satz: Fotosatz Völkl, Inzell/Obb.
Gesetzt aus der 10/12.6 Punkt Optima
Druck und Binden: GGP Media GmbH, Pößneck
Printed in Germany
ISBN: 978-3-85436-391-0

Wenn es einem Unternehmen gelingt,
seinen Menschen mehr Lebensenergie zurückzugeben,
als es von diesen erhält, so verdient es das **Prädikat Kraftfeld**.

# Inhalt

## Unternehmenskulturarbeit – was wir tun, damit es uns gut geht ... 137

## Was wir schützen wollen – wozu Ethik? ........ 149

# Wie wir prüfen können, wie sehr es uns gut geht . 167

# Es soll uns gut gehen

»*Es soll euch gut gehen*«, so begrüßte Pater Johannes Pausch, Abt des 1992 in St. Gilgen am Wolfgangsee gegründeten Benediktinerklosters Gut Aich, die leitenden Herren eines Großunternehmens. Auch Pater Johannes dürfte nicht entgangen sein, dass die Führungskräfte ob der ungewohnten Worte irritiert waren – und er setzte nach: *Das ist mir w i r k l i c h wichtig. Es soll euch gut gehen.* Und am zweiten Tag ergänzte er: *Nur wenn es euch gut geht, kann es euren Mitarbeitern gut gehen.* Er sagte diese Worte nicht im hier verwendeten Hochdeutsch, sondern in seiner typisch bayrischen Mundart. Dieser Satz »Es soll euch gut gehen« wurde für mich einer der Sätze, der meine Arbeit in Unternehmen nachhaltig beeinflusste, dies vor allem deshalb, da er von den Teilnehmern nachdenklich angenommen wird. Einige Zeit nach diesem Seminar im Europakloster Gut Aich entdeckte ich die Quelle für diesen Satz in der Regel des heiligen Benedikt, der **»Die Regel«** da um 530 nach Christus auf dem Monte Cassino schreibt:

*Die Regel ist für die geschrieben, die das Leben lieben und gute Tage zu sehen wünschen.*

Was kann für uns Menschen wichtiger sein, als das Leben zu lieben und gute Tage zu sehen?
Und was kann wichtiger sein, als dass es uns gut geht?
Und was kann für arbeitende Menschen wichtiger sein, als dass ihr Beitrag zum Unternehmenserfolg ihnen Freude bereitet?
Wenn wir ins Zentrum unserer Arbeit neben dem funktionalen Erfolg, also dem Erzielen positiver ökonomischer, technischer oder Dienstleistungsergebnisse, auch gleichrangig personale Erfolge, also Erfolge am und zwischen Menschen, stellen, so kann uns gelingen, dass Menschen ihre Arbeit nicht als Leid oder als Entzug von Freizeit empfinden, sondern als wesentlichen Beitrag zur Steigerung ihrer Selbstachtung.

11

Am 4. Juli 1776 haben Thomas Jefferson und weitere ehrenwerte Männer im ersten Satz ihrer Unabhängigkeitserklärung als Ziel definiert: pursuit of happiness, die Verfolgung des Glücks. Wir dürfen dieses Ziel nicht aus den Augen verlieren.

# Es ist bereits alles gedacht – wir müssen es nur immer wieder neu denken (Johann Wolfgang von Goethe)

»Unternehmen überstehen kaum die dritte Generation«, so **Nachhaltiger** die Managementerkenntnis der Gemeinschaft der Jesuiten. Um **Erfolg** uns zu Beginn einen Spaziergang auf dem Friedhof untergegangener Unternehmensgiganten zu ersparen, suchen wir doch lieber nach einigen rühmlichen Ausnahmen, die die Regel bestätigen: Uns begegnen dabei Namen wie Siemens (175 Jahre), die Raiffeisengenossenschaften (142 Jahre), der Kreditschutzverband (135 Jahre), das Weingut Villa Antinori (1200 Jahre) sowie eine Vielzahl weiterer bäuerlicher und landwirtschaftlicher Unternehmen.

Was ist diesen Ausnahmen gemein? Sie können verweisen auf **Unter-** eine Unternehmenskultur, die auf einer nachhaltigen Pflege **nehmens-** von Werten, Normen und Regeln basiert. Eine Kultur, die wir **kultur** auch finden in der Ordensgemeinschaft der Jesuiten, einem sozialen System, dem es gelingt, seinen Bestand seit annähernd 500 Jahren zu sichern. Ein System, das sein Fundament in der Regel des Ignatius von Loyola im Jahr 1540 erhalten hat. Setzen **Regeln** wir unsere Suche nach Bestand und nicht zuletzt nach Erfolg von menschlichen Gemeinschaften fort, so treffen wir auf eine Sozietät, welche die der Jesuiten um ein Vielfaches an Dauer übertrumpft: der Orden der Benediktiner, dessen Gründung auf 500 nach Christus zurückreicht, dessen »Regel« den Grundstein bildet für nahezu alle Orden, die ab dem elften Jahrhundert gegründet worden sind. Kritiker können nun einwenden, dass diese Ordensgemeinschaften nicht dem rauen Klima des Marktes ausgesetzt sind und ein Vergleich deshalb hinkt. Zugegeben: Man könnte sie in ihrem Wertekern modern als Non-

Profit-Organisationen bezeichnen. Wir wissen jedoch auch von nicht wenigen, die außerordentliche Erfolge nicht nur im sozialen Bereich erwirtschaften konnten, sondern auch im Profitbereich, und das nachhaltig.

**Parameter für Erfolg** Was sind nun die systemübergreifenden Parameter, die diesen Formeln des individuellen, des sozialen und des systemischen Erfolgs zugrunde liegen? In Zeiten rasanter Veränderungen, **Erfolgreiche Konstanten** zunehmender Komplexität und notwendiger Flexibilität ist dieses Buch gewidmet der Suche nach erfolgreichen Konstanten für Effektivität und Effizienz, nach bewährten **Grundmuster**n erfolgreichen Miteinanders, nach **Leitgedanken und Vorbilder**n für ein gesundes, leistungs- und lebensförderndes Arbeiten.

**WHO-Definition** Die Weltgesundheitsorganisation WHO hat für einen gesunden Menschen drei Säulen definiert:

Ein Mensch ist gesund, wenn er *physisch*, *psychisch-sozial* und *mental* intakt ist. Eine Internetrecherche nach »sozialer Gesundheit« hat Tausende Treffer unter »sozialer Sicherheit und Gesundheit« gebracht, wobei beinahe ausschließlich die soziale Sicherheit behandelt und unter den raren Beiträgen zu Gesundheit beinahe ausschließlich die physische genannt wird.

**Physische Gesundheit** Die Förderung der *physischen Gesundheit* wird in zunehmendem Maße nicht nur im Privaten gepflegt – wer kann sich dem Joggen, Walken, Pilates etc. schon entziehen? –, sondern auch von offiziellen und staatlichen Stellen unterstützt: In Österreich zieren derzeit Poster zu »10 Tipps für gesunde Ernährung« und »10 Tipps für Bewegung« Warteräume von Krankenanstalten und Sitzungszimmer von Unternehmen. Physische Gesundheit ist zwar nicht alles, aber ohne sie ist doch alles nichts: mens sana in corpore sano. Die Reihenfolge »Körper vor Geist« ist seit alters her festgelegt, wenn uns auch zunehmend die Wechselwirkung ganzheitlich denkend bewusst wird.

**Psychische und mentale Gesundheit** Auch der *psychischen* und der *mentalen* Seite wurde in den letzten drei Jahrzehnten mit einer Fülle von Maßnahmen verstärktes Augenmerk geschenkt: Wir denken dabei an die Wellen von Personaltrainings, von Autosuggestion, von NLP, von »Power4You«-Lehren bis hin zu Einzelcoachings.

14

Die *soziale* Dimension der Gesundheit hat dabei den schwersten Stand. Auch wenn Kommunikations- und Konflikttrainings an keinem größeren Unternehmen vorbeigegangen sind, auch wenn Teambildungsprogramme zu den Standards gehören und Mediatoren eingebunden werden, so mangelt es den meisten Bemühungen der Orientierung an einer bewussten Ethik, das heißt an einem bewussten höchsten zu schützenden Gut, an gemeinsamen Werten, an einer strategischen Ausrichtung und Einbindung. **Soziale Gesundheit**

Es mag schon nicht leicht sein, sich selbst als Person physisch in Form und mental im Gleichgewicht zu halten. Doch selbst wenn man eine Ansammlung von physisch-psychisch-mental hervorragenden»Performern« beobachtet, kann man unschwer erkennen, dass die wahre Herausforderung nun darin besteht, aus diesen»Solitären« eine leistungsfähige und auch glückliche Gemeinschaft zu formen – das Gemeinsame über das Trennende zu stellen, neben dem Ich das Du und das Wir zu pflegen. In meinem Beruf wie im privaten Leben kenne ich doch einige Menschen, die»physisch-psychisch-mental gut geformte« Individuen sind – und kaum kommen sie mit anderen Individuen in soziale Beziehungsfelder, mutieren sie zu wenig attraktiven Zeitgenossen. Der Tenor auf der *individuellen* Veredelung mag dadurch kommen, dass jeder von uns an *seiner* Physis, *seiner* Psyche, *seiner* Seele und an *seinem* Geist *persönlich und einzeln* an sich selbst arbeiten kann. Jeder von uns kann für seine Physis allein in die Wälder gehen und über Berge wandern, Fitnessclubs besuchen, schwimmend seine Bahnen ziehen, für seine Psyche die Psychologin aufsuchen, für seine Seele sich an seinen Pfarrer, Rabbi oder Imam wenden, für seinen Geist sich in ein Kloster oder in Bücher zurückziehen. Die Arbeit an unseren Beziehungen hingegen erfordert zumindest immer einen Zweiten – das erschwert die Lösung der Gleichung doch nachweislich um einige Variablen. Ein befreundeter Psychoanalytiker meinte einmal: Ich meine doch, dass das Komplizierteste, was das Leben hervorgebracht hat, menschliche Beziehungen sind. Dem pflichte ich bei: Beziehungen sind kompliziert, weil komplex – und widme deshalb den Schwerpunkt dieses Buchs den Bedingungen für ein sozial **Die wahre Herausforderung**

**Vom ich zum Du zum Wir**

**Komplexität von Beziehungsarbeit**

15

gesundes Leben, den Voraussetzungen, dass Menschen ihre Kräfte auf den Boden bringen, dass Führungskräfte dazu beitragen, Energien zu wecken.

**Effektivität**
**Effizienz** Wie ist nun der Bogen zu verstehen, den ich mit »Grundmuster für Effektivität, Effizienz und soziale Gesundheit« ziehen möchte? Wenn wir unter *Effektivität* verstehen, die richtigen Dinge zu tun, und unter *Effizienz*, die Dinge richtig zu tun, so ist soziale Gesundheit eine Conditio sine qua non für effektives und effizientes Arbeiten. Wie soll ein kranker Mensch, der ausreichend mit sich zu tun hat, der ständig um sich kreist, die richtigen Dinge erkennen, um effektiv zu sein? Wie soll es ihm möglich sein, mit einem Minimum an Aufwand ein Maximum an Ertrag zu erzielen, also effizient zu sein, wenn er sich mit all seinen Problemen selbst im Weg steht? Um ein Grundrepertoire an Mustern sozial gesunden, effektiven und effizienten Miteinanders zu erstellen, möchte ich Sie einladen, bewährtes Vorgedachtes und vieltausendfach Praktiziertes zu begutachten. Wie sagte Goethe: »Es ist alles bereits gedacht, wir müssen es nur immer wieder neu denken«? Sie werden sehen, dass alle Grundmuster bereits bestehen und bereits gedacht sind.

# Grundmuster, wie wir erfolgreich und gut miteinander umgehen können

## Im Grunde ist alles ganz leicht – das goldene Prinzip der Einfachheit

»Welche zwei Formulare ersetzt dieses eine?«, fragte mich der Geschäftsführer meines ersten Arbeitgebers ALDI/Hofer. Als ich ihm keine befriedigende Antwort für meine ungefragte Initiative geben konnte, schloss er mit der einfachen Aussage: »Dann brauchen wir es nicht.«

**Weniger Bürokratie**

Mitte der 1970er-Jahre konnte ich noch nicht wissen, dass ich bei dem weltweit profitabelsten Lebensmittelunternehmen der kommenden Jahrzehnte arbeiten durfte. Was ich hingegen schon bald ahnen konnte: Es wurde klar zu Ende gedacht, bevor etwas in die Tat umgesetzt wurde. Klugheit im aristotelischen Sinn bedeutet, im Voraus zu bedenken, was am Ende herauskommt.

**Mehr Klugheit**

Auch konnte ich noch nicht wissen, dass ALDI auf dem Fundament klarer Prinzipien gebaut wurde: Einfachheit, Effektivität, Effizienz. Und dass diese Prinzipien nirgends geschrieben standen, sondern ganz einfach vorgelebt wurden.

**Klare Werte**

Auch sollte ich erst vier Jahrzehnte später von den damals gültigen Rekrutierungskriterien hören: Disziplin und Bescheidenheit. Zwei (!) Hauptkriterien statt tagelanger Assessments. Kreativität war nicht dabei. Für ein Unternehmen, für das der Leitspruch »reduce to the max« gelten könnte, auch keine notwendige Kompetenz.

**Reduce to the max**

17

Die Zeit bei ALDI war prägend für meine spätere Suche nach den Grundmustern für Erfolg. Diese Suche fand ihre Verstärkung in der Aussage eines Benediktinerabts: »Wir suchen nach den Grundmustern des Lebens.« Es sollte sie also geben, diese Grundmuster, die das Leben belohnt. Und das diejenigen bestraft, die gegen diese Grundmuster verstoßen. Von meinem Mentor, dem Berater und Philosophen Rupert Lay, lernte ich: Das Leben belohnt das, was dem Leben dient – dem Leben in all seinen Facetten, dem ökonomischen wie dem persönlichen, dem sozialen wie dem individuellen. Und es bestraft das, was gegen das Leben wirkt. Das Leben antwortet mit Widerstand gegen das, was der Realität widerspricht.

Erlauben Sie mir, Sie zu Beginn dieses Buchs einzuladen auf eine Tour d'Horizon bestechend einfacher Beispiele, aus denen wir Grundmuster und Regeln für Erfolg, menschlichen wie ökonomischen, ableiten können.

Als Geschäftsführer bei einem französischen Unternehmen im Segment »le fromage« – dem gallischen Nationalheiligtum –, das seinen Gründer innerhalb von 40 Jahren zu einem der vermögendsten Männer Frankreichs machte, wurde ich weiter infiziert mit dem Einfachheitsvirus. Anfang der 90er-Jahre begann auch bei uns bereits die PowerPoint-Mania zu grassieren: Bei Konferenzen wurde die Präsentation von Workshoparbeiten von Windowskundigen in Windeseile in die bunten Bildchen übersetzt, und wir waren stolz ob der Effekte des Einblendens, des Einfliegens, des Reinschwirrens ... Zu unser aller Überraschung stieg auch unser PDG (President Directeur General) auf dieses Medium um, ein Mann, der bisher auf die Kraft seiner Worte vertraute und auf die leicht nachzuahmende Effekthascherei kraft seiner Persönlichkeit wohltuend verzichtete. Wir fühlten uns in unserer neuen Präsentationskunst bestätigt, als er zu Beginn seiner Rede für die Strategie der nächsten Jahre auf der großen Leinwand folgendes PPT-Bild erscheinen ließ:

18

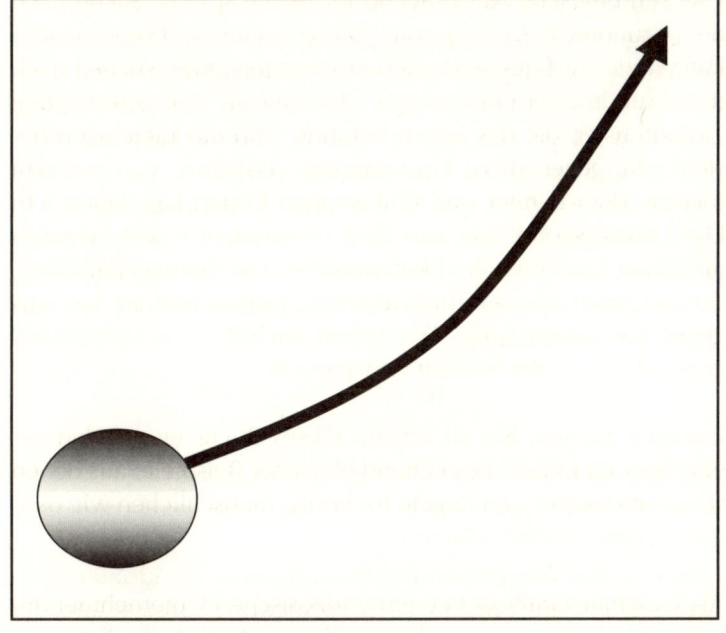

Gegen die
PPT-Flut

Das war's dann auch schon an PowerPoints für die kommenden 20 Minuten seiner wie immer frei gehaltenen Überzeugungsrede.

Er brachte seine Kraft auf den Punkt,
statt die »Power auf den Point«.
Wirkung durch Reduktion.

Wirkung
durch
Reduktion

Im selben Unternehmen durfte ich auch individuell im ersten Jahr eine wunderbare Lektion an wohltuender Einfachheit erfahren: Die Präsentation meines ersten Budgets schloss ich mit den obligaten »Hauptfaktoren des Erfolgs« mit der stolzen Zahl von 15 wichtigsten Punkten für das kommende Jahr. Anstatt der erwarteten Anerkennung meinte der Generaldirektor für Europa: Das ist ein Dreijahresprogramm. Ich würde Ihnen empfehlen, die 15 Punkte auf drei bis sieben zu reduzieren.

Hauptfaktoren
des Erfolgs

Wie einfach kann Managen doch sein:
Weniger ist mehr!

Von Frankreich in die »einfache« Welt eines US-Konzerns: Als ich einige Jahre später als Berater beim »größten Mischkonzern der Welt« mit Führungskräften zur Fehlerkultur arbeiten durfte, legten wir im Seminar fest, dass wir im Falle von Fehlern diese von Schuld entkoppeln. Dass es also nicht darum ginge, den Schuldigen zu suchen, sondern nur die Ursache. Nicht wer es war, sondern was es war, das zur Abweichung des Ist vom Soll führte, sollte interessieren. Weitere Regeln wurden gefunden, die jedoch schlussendlich vom anwesenden Geschäftsführer samt und sonders übertroffen wurden mit der lapidaren Feststellung:

**Für die rasche**
**Lösung –**
**statt an den**
**Pranger**
**stellen**

»Meine Herren, wir haben gar nicht die Z e i t,
den Schuldigen zu suchen!«

Konzentration auf das Wesentliche: Alles Leben ist Probleme lösen (Sir Karl Popper) – und das so rasch wie möglich!

**Für Eigenver-**
**antwortung**
**statt die**
**Probleme der**
**Mitarbeiter**
**lösen**

Das forderte der Außendienstmitarbeiter des größten Verkaufsgebiets von mir ein: sein Problem zu lösen – und das am ersten Tag, nachdem ich mit 30 Jahren die neue Karrierestufe erklommen hatte. De facto wurde er von seinen Kollegen (der jüngste unter ihnen zwölf Jahre älter als ich) vorgeschickt, um den neuen »Herrn Verkaufsleiter« in seiner Lösungskompetenz zu testen. Mit Überzeugungsdialektik und »Führen durch das Wort« von Rupert Lay auf den Job gut vorbereitet, wusste ich, dass zwei Möglichkeiten für denjenigen offen stehen, der die Probleme eines anderen löst: Entweder der andere wartet ab, um zu zeigen, dass die Lösung nichts taugt (»Wir lassen ihn ins Messer rennen«), oder/und die Mitarbeiter lernen, dass sie einen gefunden haben, der ihre Arbeit tut.

Ein klassisches Dilemma:
Guillotine oder Galgen!

Glücklicherweise gibt es einen dritten Weg, einen einfachen: »Welche Lösungen schweben ihnen vor?«, war meine Antwort nach dem Motto »Wer fragt, der führt!«. – »Das will ich ja von I h n e n wissen«, insistierte mein Mitarbeiter. – »Sie bringen

20

mir ein Problem I h r e s Gebiets und wollen von m i r die Lösung?«, erwiderte ich. – »Ja natürlich, Sie sind ja der Verkaufsdirektor!« – »Wollen wir eines klären: Ich bin der Verkaufsdirektor von Österreich, Sie sind der Gebietsverantwortliche für Tirol. Wenn Sie in Zukunft ein Problem haben, so bringen Sie mir bitte mindestens zwei alternative Lösungsvorschläge, die ich gerne mit Ihnen bespreche. Und S i e entscheiden dann. Wofür Sie auch die Verantwortung tragen werden, denn es ist die Entscheidung, die in I h r e n Verantwortungsbereich fällt. Wenn ich andererseits einmal ein gesamtösterreichisches Problem haben werde, so werde ich mich auch einmal gerne an Sie wenden mit zumindest zwei Vorschlägen, die wir dann beide gemeinsam begutachten und diskutieren wollen. Und i c h werde dann alleine entscheiden, denn ich muss alleine einstehen für die Konsequenzen.« Dieses Grundmuster des Miteinanderumgehens dürfte die Runde unter den Mitarbeitern gemacht haben, denn ich wurde nur selten mit Problemen aus anderen Gebieten belastet. Ich durfte früh erfahren, dass Menschen führen nur selten operativ arbeiten bedeutet.

Mehr führen – weniger arbeiten

Führungskräfte arbeiten zu viel –
und führen zu wenig!

Einhalten der Hierarchie

Bei ALDI konnte ich auch erfahren, wie Konflikte auf ein Mindestmaß reduziert werden können: durch klare Verhaltensmuster in der Hierarchie. Zu Beginn meiner Tätigkeit als Verantwortlicher für einen Verkaufsbezirk reiste ich einen Tag mit meinem Geschäftsführer durch meinen Bezirk. Einen Tag zuvor präparierten der Verkaufsleiter und ich die Geschäfte für den Besuch, nicht nach dem Muster eines Potemkinschen Dorfs, sondern einfach, um die Läden auf Hochglanz zu bringen. Der Geschäftsführer sprach mit mir auf der Fahrt zu dem ersten Laden über mein Privatleben, meine Familie, über Neigungen – kurz: ein wohltuend persönliches Gespräch. Wir besuchten die Filiale, und als wir wieder weiterfuhren, setzte er das Gespräch über meine private Welt interessiert fort. Ich wurde ungeduldig, denn ich wollte lieber wissen, wie sein Eindruck über die Filiale war. Ich fragte ihn schließlich direkt, und er antwortete mir: »Das wird Ihnen Ihr Verkaufsleiter sagen.« Ich wusste nicht,

21

wie mir geschah. Als ich abends meinen unmittelbaren Vorgesetzten, den Verkaufsleiter, fragte, sagte er mir, dass alles okay war. Ich wollte nun jedoch schon gerne wissen, warum mir das nicht »der Herr von zwei Ebenen über mir« hat sagen können. Mein Chef meinte daraufhin: Das wissen Sie doch wohl. Ich verneinte. Er zeigte sich leicht angespannt, da ich doch als »Absolvent des Studiums der Organisationslehre« wissen müsste, dass ein Vorgesetzter funktionale Urteile nur dem direkten Untergebenen gegenüber abgeben dürfte. Und das wäre somit seine Aufgabe und nicht die des Geschäftsführers. Denn wenn er – mein Chef – mir gegenüber etwas kritisiert hätte, was der Geschäftsführer abweichend als gut beurteilt hätte, so hätte dieser ihn »overruled« und seine Führungs- und Fachkompetenz somit infrage gestellt.

*Die Kompetenz des Verantwortlichen stärken statt untergraben*

ALDI ist von all den Unternehmen, in denen ich als Manager oder auch als Berater arbeitete, das mit dem geringsten Konfliktniveau, und dies unter anderem dank dieser hier skizzierten klar gelebten Hierarchie, Delegation und Subsidiarität.

*Entschieden wird so weit unten wie möglich*

Das Wort »Subsidiarität« ist ein »nicht einfaches« und hat in einem Kapitel über die Einfachheit an sich nichts verloren. Es macht jedoch seit der EU auch in Managementkreisen die Runde: In der EU bedeutet Subsidiarität, dass Brüssel nur entscheiden darf, wenn die Staaten nicht dazu in der Lage sind; der Staat nur, wenn die Provinz nicht kann; die Provinz nur, wenn die Gemeinde nicht kann; die Gemeinde nur, wenn der Einzelne nicht kann. Es ist also so weit unten zu entscheiden wie möglich (siehe dazu die »einfache« Darstellung im folgenden Bild).

*Für mehr Leistung und Selbstwertgefühl*

Findet das in Ihrem Unternehmen statt? Dieses Prinzip verhilft uns dazu, dass jeder nach seiner Fähigkeit gefordert wird und er seine Leistung erbringen kann. Was unterscheidet dieses Prinzip der Subsidiarität von der Delegation? Im Falle der Subsidiarität gibt es zwei klar deklarierte Fälle, in denen die an sich verpönte Rückdelegation nicht nur erlaubt, sondern gefordert wird: a) wenn Gefahr im Verzug ist und b) wenn die unteren Ebenen nicht in der Lage sind, geeignet zu entscheiden. Es gibt eben Fälle im Alltag, wo nur einer aus der Vogelschau den Gesamtüberblick behält. In allen anderen Fällen soll auf die

22

Leistungsfähigkeit und Leistungsbereitschaft der »Unteren« vertraut werden.

Menschen wollen Leistung bringen ... dürfen.

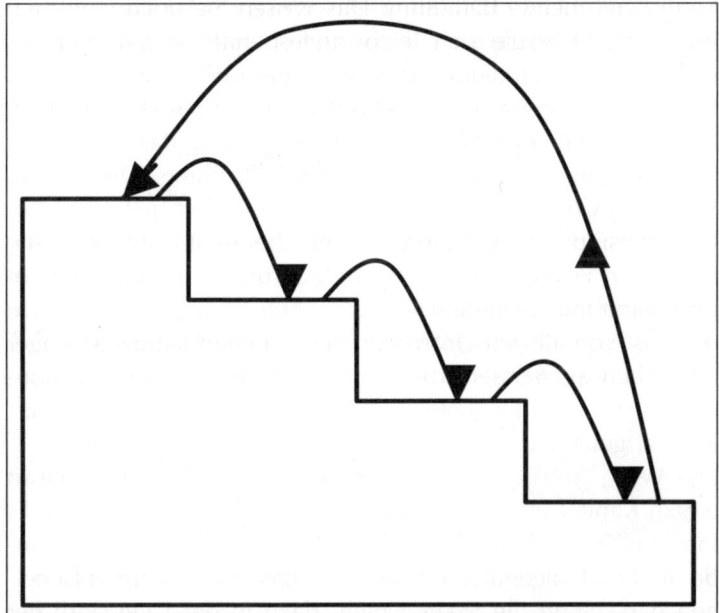

**Subsidiarität für mehr Autonomie bei klarer Regelung der Zuständigkeit**

Berater-Know-how wird angesammelt durch – günstigerweise – bei anderen Beratern beobachtete Misserfolge. So konnten wir Zeuge werden, wo die gewünschte Subsidiarität an ihre Grenze stieß: Die Arbeit als Berater führte uns vor einigen Jahren zu einem bedeutenden Anlagenbauer. Ein befreundeter Business-Reengineerer rief uns zur Unterstützung seines bereits einjährigen Beratungsprojekts, wo die Führungsmannschaft vor der Aufgabe stand, 100 000 Ingenieurstunden aus der Bundesrepublik in drei andere Länder zu transferieren, wo die Kostensätze niedriger waren. Als wir zu unserer ersten Sitzung eintrafen – fünf Herren des Vorstands erwarteten uns –, übergab der Vorstandsvorsitzende demonstrativ dem Consulter die neuesten Zahlen: 100 000 Stunden plus statt minus. Daraufhin richtete er die Frage an mich: Was würden Sie jetzt

**Können sie nicht oder wollen sie nicht?**

tun? Meine Antwort: »Können Ihre Leute nicht oder wollen sie nicht?« Aufgrund der Tatsache, dass es sich bei der gesamten Führungsmannschaft um Ingenieure handelte, war die Antwort klar: Sie konnten sehr wohl. Nun, dann blieb nur eine Möglichkeit offen: Sie wollten nicht. Subsidiarität erlebt immer ihre Grenzen, wenn Menschen nicht wollen, was sie sollen.

Menschen müssen wollen, was sie sollen

Das Wollen zu erzeugen
ist vornehmliche Führungsaufgabe,
eine Frage der Unternehmenskultur.

Begründung: Der Verstand ist der Diener dessen, was der Mensch will. Will er nicht, so denkt er nicht – zumindest nicht im Sinne des Unternehmens. Sie kennen die leidige Diskussion um die Priorität von Hardfacts oder Softfacts, obwohl diese schon lange entschieden ist:

Softfacts sind die härteren Hardfacts

Führungskräfte erkennen,
dass die Softfacts die echten Hardfacts sind
immer dann, wenn es ihnen nicht gelingt,
ihre Mitarbeiter weich zu kriegen.

Beim darauf folgenden Mittagessen richtete der Vorstandsvorsitzende die Frage an mich: Wann würden Sie im Idealfall bei einem Changeprozess damit beginnen, das Wollen zu sichern? Da wir Kulturberater üblicherweise erst gerufen werden, wenn missratene Prozesse zu reparieren sind, meinte ich hoch anzufahren mit der Beinahe-Utopie, dass es gut wäre, *zeitgleich* mit dem Start eines Reengineeringprojekts die Überzeugungsarbeit Kultur vor Struktur einzuleiten. Der Vorsitzende meinte jedoch, dass ihm nun – ein Jahr und acht prall gefüllte Ordner später – klar sei, dass dies *vor* dem Start der funktionalen Arbeit zu erfolgen habe. Nietzsche würde ihm Recht geben: »Wer das Wozu kennt, ist bereit zu fast jedem Wie.« Ich dankte und danke diesem seltenen Fall von Einsicht, dass Planen und Vorsorgen besser ist als Reparieren.

Wer spricht, erfährt nichts Menschen wollen, wenn sie überzeugt werden sollen, dass man ihre Position versteht. Dies geht nur, wenn man ihnen zuhört. Die meisten Führungskräfte bemühen sich jedoch mit

24

großer Energie, die Mitarbeiter durch Senden von Botschaften zu überzeugen.

Die falsche Strategie: Energie vor Strategie.
Die richtige Strategie: Strategie vor Energie.
Die beste Vorgangsweise: Hören vor Reden.

**Hören vor Reden**

Die Mitarbeiter des oben zitierten Unternehmens sagten mir in vertraulichen Vieraugengesprächen zum einen Teil: Unsere Chefs reden nie mit uns. Der andere Teil sagte: Unsere Chefs hören uns nie zu. Mein Fazit an den Vorstand:

Ihre Führungskräfte kommunizieren zu wenig –
und wenn sie kommunizieren, reden sie zu viel.

Führungskräfte arbeiten zu viel – und führen zu wenig.

Um mit möglichst wenig Aufwand zu führen, bedarf es der Bündelung der Kräfte. Zuvor jedoch müssen negative Emotionen beherrschbar werden, danach die Energien gesammelt. Ich möchte Ihnen zwei Grundmuster zeigen, mit denen es Ihnen gelingt, in der schwierigsten Situation, in die ein Unternehmen geraten kann, die einer Fusion, die negativen Kräfte weitgehend zu neutralisieren.

**Emotionen und Energien bündeln und beherrschen**

In der ersten Stunde eines Workshops lasse ich die Menschen die Frage beantworten:

»Was muss gleich bleiben,
damit mit Sicherheit nichts besser wird?!«

Nach höchstens einer Stunde ist »die Wunde leer, gereinigt und desinfiziert«, und die Menschen sind nun nach dieser Entlastung ihrer Gefühle bereit und fähig, konstruktive Gedanken einzubringen. Wird die entzündete Stelle nicht beruhigt, so kommen die Abwehrkräfte und die »Ja, abers« notwendigerweise verteilt auf die gesamte Arbeitszeit unkontrolliert und eruptiv an die Oberfläche. Von einem Chirurgen lernte ich: In ein entzündetes Knie schneidet man nicht rein!

**Widerstandsenergie aufspüren**

Um sicherzugehen, verborgene Reste von Destruktivität aufzuspüren, bringe ich noch das zweite Grundmuster ein:

»Um sicherzustellen, dass wir gemeinsam zum gewünschten Ziel kommen, brauchen wir 30 Prozent, die begeistert Ja sagen, 40 Prozent die uns mit einem ›Naja, wenn es schon nichts bringt, es wird schon nicht schaden‹ begleiten. Mit diesen 70 Prozent werden wir die notwendige kritische Masse erreichen. Bleiben jedoch noch 30 Prozent, die Nein sagen. Sollten Sie dazu gehören, Sie sind uns willkommen, Sie haben die notwendige Widerstandsenergie. Ich würde Sie jedoch bitten, auf ein rein destruktives Nein (mit einem Punkt am Schluss) zu verzichten und stattdessen ein konstruktives Nein einzubringen. Das wird erkennbar durch zumindest zwei Lösungsvorschläge, die Sie dem Nein hinzufügen. Ich ersuche alle, all ihre Überzeugungskraft einzubringen, um die von Ihnen nicht geschätzte Situation zu ändern. Sollte es Ihnen jedoch nicht gelingen, die Einstellung der Mehrheit zu ändern, so bleibt Ihnen die Möglichkeit, Ihre eigene Einstellung zu ändern. Die dritte Möglichkeit, die gerne gewählt wird, bleibt für Profis jedoch versperrt: hintenrum, nach verlorener Überzeugungsarbeit, Sand ins Getriebe zu streuen. Und am Monatsende dafür auch noch das Gehalt zu empfangen, statt es zurückzugeben. Und nach einigen Wochen stolz zu verkünden: Ich hab's ja gleich gewusst, dass es so nichts wird! Kommt Ihnen das bekannt vor?

Ein Ausgang jedoch bleibt allen immer offen: die eigene Situation zu verändern – die Gruppe oder die Firma zu verlassen. Wir würden jedoch bevorzugen, wenn wir uns gemeinsam auf die zu lösende Arbeit stürzen.«

**Destruktive Energie in konstruktive verwandeln**

**Love it, take it, change it or leave it**

Eine weitere Station in unserer Tour d'Horizon:
In der Mehrzahl der in den letzten Jahren erstellten Unternehmenskulturspiegel, die die Verdichtung vertraulich geführter Gespräche mit den Mitarbeitern und Mitarbeiterinnen präsentieren, zeigt sich dasselbe Bild: Aufgrund ungeeigneter Kommunikation verschwindet das Vertrauen in die Führung. Bei diesem Einstieg zur Einfachheit seien in Kurzfassung die drei Hauptfaktoren für Vertrauen gesagt: 1) Suche die Nähe der Menschen. 2) Schau ihnen in die Augen, wenn sie zu dir reden. 3) Höre Ihnen zu.

**Grundmuster für Vertrauen:**
**1. Nähe**
**2. Blick**
**3. Hören**

Im Grunde ist alles ganz leicht!
Warum tun wir dann nicht, was leicht und einfach ist? Ich
darf Sie an dieser Stelle um Geduld bitten. Doch wollte ich
Ihnen zur Anregung Ihres Appetits auf das Wecken von Energien bei Menschen zu Beginn einfache Grundmuster, einfache Appetizer, zeigen, die bereits gelebt werden. »Es wurde
alles bereits gedacht, wir müssen es nur immer wieder neu
denken«, so lange, bis die einfachen Grundmuster in irgend-
einer fernen Zukunft Stück für Stück in unser Genom übernommen werden, so lange, bis unsere DNA nicht nur über
archaische Überlebensreflexe im Fall von Gefahr verfügt, sondern auch über veredelte Formen konstruktiver Verhaltensweisen. Wenn wir also nicht nur reflexartig springen, wenn es
knallt; wenn wir nicht nur reflexartig flüchten, wenn es im
Haus raucht; sondern wenn wir zum Beispiel auch reflexartig
tolerant sind, wenn ein Mensch in unsere Nähe kommt, der
uns zutiefst unsympathisch ist.

In bereits naher Zukunft könnte es uns gelingen, mit einem der **Die E-Mail ist**
jüngsten Übel »ganz einfach« wieder aufzuhören: dem rasan- **kein Führungs-**
ten Anstieg des Schreibens nicht nur funktionaler, sondern **instrument**
auch personaler Botschaften. Sosehr die E-Mail unsere funktionale Arbeit und Zusammenarbeit erleichtert, so sehr vereitelt **Sprechen vor**
sie geeignetes Führen: Menschen wollen nicht nur der Empfän- **Schreiben**
ger *geschriebener* Botschaften sein. Ich praktiziere das folgende einfache Prinzip: Sprechen vor Schreiben. Ich nehme also
das Telefon, um Persönliches zu besprechen, das ich im
Bedarfsfalle anschließend bestätige; sagen doch die Juristen:
Wer schreibt, der bleibt.

Im Falle von Spannungen zwischen Menschen bleibt uns, statt **Aus- und be-**
zu schreiben, nur ein Muster: **sprechen statt**
**»anbrennen«**
**lassen**

aufeinander zugehen,
einander zuhören,
miteinander reden.

In der 1500 Jahre alten Regel des heiligen Benedikt lesen wir:

Bei einem Streit sollst du vor Sonnenuntergang
zum Frieden zurückkehren.

Die Mönche des Klosters Gut Aich folgen dem Sinn dieser Regel, indem sie sich jeden Abend um 20 Uhr 15 für 75 Minuten zusammensetzen, um anstehende Probleme zu besprechen: Sie widmen tagtäglich zumindest 75 Minuten der Pflege ihrer »Konfliktkultur«. Einmal pro Woche widmen sie sich jedoch in dieser Zeit dem Spiel. Derzeit wird gepokert.

**Reduktion von Komplexität**

»Im Grunde ist alles ganz leicht – das goldene Prinzip der Einfachheit.« Wie entsteht nun Einfachheit? Wie können wir gezielt und wiederholbar zu dem kommen, was wir anhand der bisher gezeigten Beispiele als einfache Handlungsmuster schätzen?

Die Tendenz des Universums ist, sich von der Ordnung zur Unordnung zu entwickeln, von Geordnetem zum Chaos, von Zuständen niederer Komplexität zu höherer. Wir sehen das tagtäglich, ja minütlich: auf unserem Schreibtisch, in unserer Schreibtischschublade, in Projekten … Das Leben arbeitet dieser Tendenz entgegen, gleichsam gegen den Strom. Wenn wir Leben entwickeln wollen, so ist unsere Aufgabe, diese zunehmende Komplexität zu reduzieren.

**Vom Einen zum Vielen**

Üblicherweise ist unsere Vorgangsweise, dass wir, um Vorgänge zu verstehen, diese detailliert untersuchen, durchdenken, Kompaktes »auseinander klabüsern«, »vom einen zum vielen« kommen: die Phase der Divergenz.

**Vom Vielen zum Einen**

Manch einer bleibt in dieser Phase zunehmender Komplexität stecken und sieht den Wald vor lauter Bäumen nicht. Um zu realitätsdichten, lebensfähigen Mustern zu kommen, drehen wir nach dieser analytischen Divergenzphase den Prozess um und reduzieren die Komplexität, indem wir Ungeeignetes ausscheiden und entscheiden – »vom vielen zum einen«: die Phase der Konvergenz.

28

## Vom Komplexen zum Einfachen

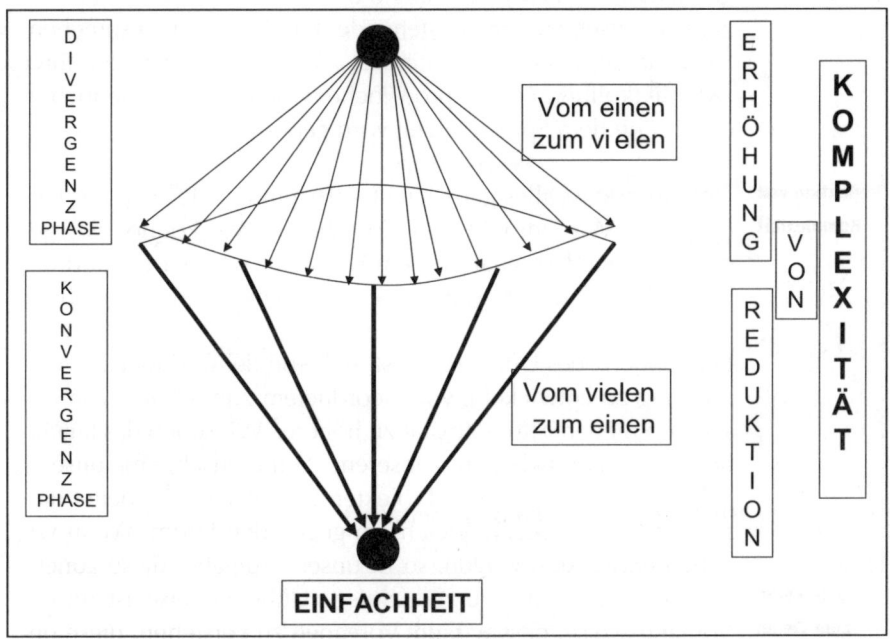

*Grundmuster 1, auf das wir uns verlassen können: Einfachheit* **Grund-**
*kommt durch Entscheiden – Entscheiden bedeutet die bewuss-* **muster 1**
*te Bejahung eines Verzichts.*

## Mögen Sie Menschen? –
## Im Umgang miteinander Kräfte wecken

Sind Sie ein Philanthrop oder doch eher ein Misanthrop? Sagen
Sie sich, wenn Sie einen Menschen sehen: »Hurra, ein
Mensch!« oder doch eher: »Oje, schon wieder einer!«?
Es ist so für einen selbst leicht festzustellen, ob man Menschen **Eine Frage**
wertschätzend entgegentritt oder gering schätzend. Eine zweite **des Men-**
Polarisierung in der Skizze seines Menschenbildes ergibt sich **schenbildes**
durch die Tendenz, Menschen gerne fremdzusteuern oder sie

29

zu unterstützen, zur Selbststeuerung und Selbstbestimmung zu gelangen.

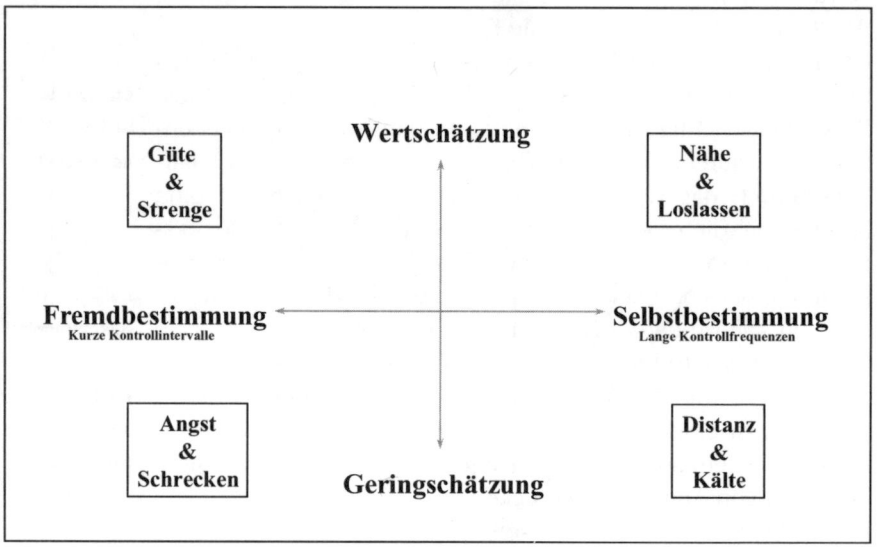

<table>
<tr><td>Güte & Strenge</td><td>Wertschätzung ↑</td><td>Nähe & Loslassen</td></tr>
</table>

**Nähe – Los-**
**lassen**
**Distanz – Kälte**
**Güte – Angst**

Sie sehen in den vier Feldern, dass die Frage unseres Menschenbildes seine Antwort findet im Verhalten: Kann ich Menschen trotz Nähe loslassen, oder gehe ich so sehr auf Distanz, dass zwischenmenschliche Kälte entsteht? Bin ich gütig und streng, oder führe ich mit Angst und Schrecken?

Führen Sie mit einem engmaschigen Kontrollsystem nach dem Lenin-Motto »Vertrauen ist gut, Kontrolle besser« oder folgen

**Kontrolle ist**
**nicht gut,**
**oder besser,**

Sie eher dem Prinzip

»Vertrauen ist gut, Kontrolle n o t w e n d i g«.

**sie ist einfach**
**notwendig**

Kontrolle wird – wohl auch wegen der einseitigen leninistischen Interpretation – landläufig negativ wahrgenommen. Doch wie wollen wir jemandem eine Standortbestimmung geben können, ob das, was er tut, passt oder nicht, ohne ihn zu kontrollieren? Kontrolle ist die Voraussetzung für Kritik wie auch für Anerkennung, für Tadel wie auch für Lob. Kontrolle ist notwendig, weil Menschen ein Recht darauf haben, durch uns Führungskräfte Orientierung zu bekommen.

30

Wie können wir erreichen, dass Kontrolle wert- und schmerz- **Schmerzfrei**
frei wahrgenommen wird, die Verbindung mit Schrecken und **durch**
Terror verliert? Wohl am leichtesten durch Gewöhnung. Bei **Gewöhnung**
ALDI hat jede Führungskraft die Pflicht, am Jahresende 52 Wo-
chenaufgaben für die 52 Wochen des Jahres an die Zentrale zu
melden, dabei auch die geplanten Kontrollen. Ein Beispiel: Da **Die Spinn-**
Sauberkeit wichtig ist, wird einmal pro Jahr die »Spinnweben- **weben-**
kontrolle« durchgeführt: Der Bezirksleiter geht mit dem Filial- **kontrolle**
leiter durch das Geschäft und zeigt ganz einfach auf eine
Spinnwebe, die er entdeckt hat. Das war's. Wenn der Bezirksleiter auf seiner Tour durch den Bezirk zur nächsten Filiale
kommt, gibt es dort keine Spinnweben mehr – die »Buschtrom- **Die**
mel« hat die Arbeit des Bezirksleiters bereits erledigt. **Buschtrommel**
Es geht bei Kontrolle wohl nur darum, gewünschte Ergebnisse
zu erzielen, und nicht, jemanden zu sanktionieren. So wird **Kontrolle**
Kontrolle zu einem schmerzfreien, menschenwürdigen Instru- **bringt**
ment, zu einem alltäglichen Bestandteil des Miteinanderumge- **Orientierung**
hens, frei von Angst und Schrecken.
Kontrolle wird so zur Orientierungsgröße, die es Menschen
erleichtert, zur Selbstbestimmung zu kommen.
Nicht wenige Führungskräfte glauben jedoch, ihre Mitarbeiter
*ziehen oder schieben* zu müssen.

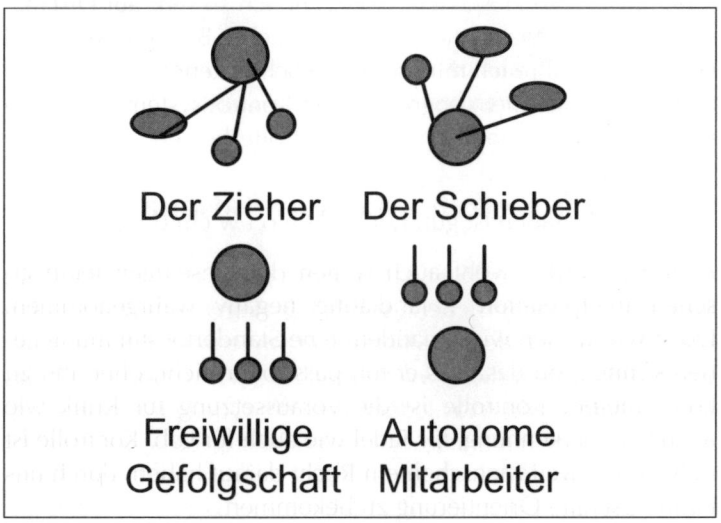

Der Zieher   Der Schieber

Freiwillige   Autonome
Gefolgschaft   Mitarbeiter

Von
Führungs-
Schwachen
und
Führungs-
Kräften
Die Zieher und Schieber klagen über ihren eigenen ständig wachsenden Energieverlust. Dieses fremdsteuernde Ziehen und Schieben verdient das Wort »führen« wohl nicht und die Führungskraft wohl auch nicht den Anhang »-kraft«; durch den eigenen Energieverlust mutieren sie so zu Führungs-»Schwachen«. Führungskräfte sind solche, die Menschen zur freiwilligen Gefolgschaft bringen oder sogar zur Autonomie. Autonomie wird daran erkennbar, dass ihnen die Mitarbeiter auf dem Weg nach vorn bereits entgegenkommen und sie darauf hinweisen, dass der eingeschlagene Weg der richtige ist oder auch der falsche. So werden die mit der Führung Betrauten ihre eigenen Kräfte nicht vergeuden und die Kräfte der Geführten wecken.

Menschen führen – Energien wecken.
Das Unternehmen als Kraftfeld.

In einem deutschen Unternehmen haben die Führungskräfte folgenden Spruch in ihre Sitzungszimmer gehängt:

»Wer mehr als 40 Stunden pro Woche arbeitet,
ist faul.«

Faul im Sinne von führungsfaul, wegen mangelnder Delegation.

*Grundmuster 2, auf das wir uns verlassen können: Niemand bleibt klein, der Vertrauen in seine Entwicklung erfährt.*

## Energien freisetzen – die Aufwindspirale

»Alle Großen dieser Welt haben eines gemeinsam: Sie sind im Kern ihrer Person unsicher«, soll Nixon dem neuen Präsidenten Bill Clinton bei dessen Amtsantritt anvertraut haben. Nun, wenn die Großen dieser Welt unsicher sind, so dürfen wir das schon allemal sein. Was jedoch mag die Quelle für unsere Unsicherheit sein? Ein Erklärungsmodell besagt, dass wir unsicher sind, weil unser Real-Ich vom Ideal-Ich abweicht. Die Ursache eines überdimensionalen Ideal-Ichs mögen sein: »Über-Ich-Imperative«, die uns von den Eltern eingepflanzt worden sind oder auch Ideale aus unserer Umwelt, die uns sagen, wie wir zu sein haben, damit wir etwas gelten. Durchschauen wir das nicht, so reduziert das langfristig unsere Kräfte, denn »Traurig grüßt der, der du bist, den, der du sein möchtest.« Und:

Trauer ist kein Kraftspender.

Hier wollen wir nicht gegen kraftspendende Träume ins Feld ziehen – »Dream the impossible dream« –, sondern nur gegen den Don Quichotte, »Ritter der traurigen Gestalt«. Man soll die Kraft haben zu träumen, jedoch auch die Stärke, es zu ertragen, wenn die Seifenblase platzt. Man sollte auch im Vorhinein nachdenken, also vordenken: Was tu ich mit mir, falls ich mein Ziel nicht erreiche und ich mir eine blutige Nase geschlagen und meine Psyche verbeult habe.

Mit vielfältigen Unsicherheiten ausgestattet, werden wir mit intellektuellen, physischen, emotionalen Belastungen konfrontiert. Die Folge: Angst. Archaisch sind uns als Reaktion vier Auswege gegeben: fliehen, verstecken, sich tot stellen oder angreifen. Wählen wir die ersten drei, die wohl alle eine Form von Flucht darstellen, so empfinden wir kurzfristig Erleichterung, wiederholen wir diese Strategie, so werden wir à la longue die erwünschte Erleichterung vermissen. Wir werden im Gegenteil verspüren, dass wir so das Leben nicht bewältigen, unser Selbstwertgefühl wird eine weitere Delle bekommen, und unsere Unsicherheit, die durch Flucht zu einem Gefühl der Sicherheit mutieren sollte, wird verstärkt anstatt verringert. An dieser Stelle die unangenehme Nachricht:

**Flucht ist Passivität**

Angst wird nur dadurch verringert, dass man sich der Situation, die Angst auslöst, immer wieder stellt.

Um aus dem Fluchtweg auszubrechen, der sich üblicherweise zu einer Negativspirale des Immergleichen und Mehrdesselben entwickelt und so an Energie absorbierender Intensität zunimmt und letztendlich zur Gattung psychosozialer Zombies führt, gibt's nur eine einzige Alternative: sich stellen.
Nun mögen manche einwenden, dass sie das schon kennen: Man geht's mal wieder voll engagiert an, mit so richtig frischem

**Gegen psychosoziale Zombies**

**Sich stellen**

Elan – und dann stolpert man. Ja, so kann's einem widerfahren. Wer sich bewegt, kann stolpern, er macht Fehler. Er macht jedoch einen Fehler nicht, den größten: nichts zu machen, gar nicht erst zu beginnen.

Straucheln und fallen ist nicht schlimm.
Du musst nur einmal mehr aufstehen, als du hinfällst.

Wenn Sie diesen Weg des Sichstellens wählen, so werden Sie erleben, wie Sie Ihr Leben bewältigen, selbst dann, wenn Sie fallen – und wieder aufstehen. Sie haben so Ihren ersten Widerstand erfolgreich bewältigt, die erste Hürde überwunden, sind in die erste Falle nicht getappt, die der *Passivität.* Sie sind Ihrer Rechtfertigungskreativität entkommen: *Warum es nicht geht; was dagegen spricht; das haben doch andere auch schon erfolglos versucht.* Stattdessen sind Sie im Aufwind, der gespeist wird durch eine *sich selbst verstärkende* Bewältigungsenergie. Bill Gates hat in seinem Buch »Der Weg nach vorn« gemeint: Selbst wenn ich persönlich den Höhenflug von Microsoft stoppen wollte, es würde mir nicht gelingen. Die Kräfte nach vorn und nach oben sind zu stark.

**Kraft durch Bewältigung statt Energieverlust durch Rechtfertigung**

### Die Aufwindspirale

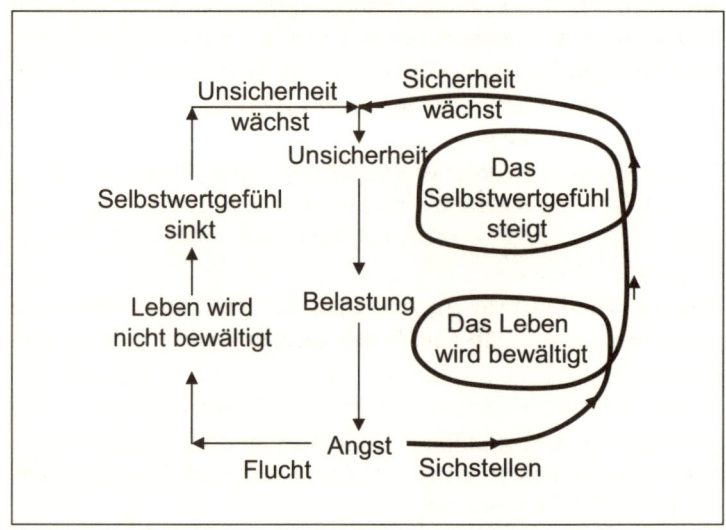

34

*Grundmuster 3, auf das wir uns verlassen können: In dem Maße,* **Grund-**
*in dem wir uns dem Leben stellen, wächst unsere Sicherheit.* **muster 3**

## Haben Sie sich im Griff –
## sind Sie Sklave oder Herr?

Wie geht es Ihnen, wenn Sie nach einem schönen Wochenen- **Ein ganz**
de am Montagmorgen auf dem Weg zur Arbeit im Stau stecken, **normaler**
erst nach längerem Suchen einen Parkplatz finden, im Niesel- **Morgen**
regen und ohne Schirm, weil den Ihr Lebenspartner aus dem
Auto entfernt hat, zur Firma hasten, um endlich – durchnässt
und mit zerstörter Frisur – an Ihrem Schreibtisch anzukommen.
Um dann zu sehen, dass man in Ihr am Freitag perfekt aufge-
räumtes Revier eingedrungen ist und zu Erledigendes deponiert
hat, als ob Ihr Tisch eine Müllhalde wäre? Und wenn Sie dann
ins E-Mail einsteigen und auf Sie 20 ungeöffnete Botschaften
warten. Wie geht es Ihnen dann? Haben Sie sich dann im Griff?
Wie begegnen Sie dann dem Menschen, der Sie am Telefon un-
wirsch fragt, ob Sie denn seine Mail nicht gelesen hätten und
ob Sie denn nicht mal schnell rüberkommen könnten, weil ihm
in letzter Zeit doch so einiges an Ihnen aufgefallen sei? Haben
Sie dann noch die Kraft, dem Kunden, der bei Ihnen mit
220 atü im Kessel seine Beschwerde abladen möchte, gelassen,
freundlich und kundenorientiert als Mülleimer zu dienen und
ihm zu zeigen, dass er mit seiner Reklamation und seinen Gefühlen willkommen ist?
Wenn ein wild gewordener Zeitgenosse Ihnen mit einer aggres-
siven Miene entgegentritt und Sie diesem eine ebensolche er-
widern, so wird dieser mit Sicherheit Ihnen eine noch wildere
Grimasse anbieten.
Aggressivität führt zu Aggressivität, auf Zorn folgt Zorn, auf **Die Spirale**
Hass meist Hass – die Spirale der Gewalt beginnt sich zu dre- **der Gewalt**
hen.
Wenn es Ihnen jedoch gelingen sollte, freundlich in die Welt
zu schauen, so erhalten Sie eher eine freundliche Miene
zurück. Gute Laune steckt an, Lächeln bewirkt Lächeln, wie
wir in den Wald hineinrufen, so ruft dieser zurück.

35

»Ihr Gesicht ist ständiges Steuersignal für das Verhalten Ihrer Mitmenschen Ihnen gegenüber«, diese Logik leugnen die Wenigsten, aber ... die Psychologik lässt uns zweifeln, wie uns das gelingen soll. Wie soll denn der Friedliche im Frieden leben,

Mülleimer oder Giftmüll-Deponie

wenn es dem guten Nachbarn nicht gefällt? Warum soll *ich* Klagemauer sein, warum soll *ich* Mülleimer spielen, warum soll *ich* anderen sogar als Giftmülldeponie dienen? Wie komme *ich* dazu? Berechtigte Fragen, ernst zu nehmende Hilferufe. Lassen Sie mich mit Ihnen diese Giftmüllproblematik noch von einer anderen Seite betrachten: wenn andere Sie ärgern ... Stopp!

Du ärgerst mich ... niemals

Ich wollte sagen, wenn Sie sich ärgern. Es ist psychologisch einfach falsch, dass andere Sie ärgern können, das können immer nur Sie sich selbst antun. Es mag schon sein, dass andere »Signale sprachlicher wie körpersprachlicher Natur« aussenden, die dazu führen, dass Sie sich ärgern, jedoch Sie selbst sind es, der sich Gewalt in Form von Ärger antut. Wenn Sie Ihre Faust ballen, so schauen Sie doch bitte einmal nach dem Öffnen in die Innenseite Ihrer Hand, und Sie werden sehen, wie sich Ihre Fingernägel in Ihre Haut eingegraben haben.

Wer auf andere losgeht,
verletzt sich immer zuerst selbst.

Eine Prognose

Wenn Sie sich ärgern, und das immer und immer wieder, so werden Sie irgendwann krank. Das ist keine These oder eine Hypothese, das ist eine Prognose.

Was wirklich dumm ist

Wenn Sie sich über andere ärgern, so bedeutet das, dass Sie die Dummheit anderer mit dem Verlust eigener Gesundheit bestrafen. Das ist wirklich dumm: Andere sind dumm, und Sie werden krank.

Macht über mich

Wenn Sie sich über andere ärgern, so zeigen Sie denen auch noch, dass diese Macht über Sie haben. Also ich möchte vieles im Leben, jedoch eines mit Entschiedenheit nicht: dass irgendwer Macht über mich hat.

Als ich diese und ähnliche Sätze vor nunmehr mehr als einem Vierteljahrhundert hörte, hab ich mir einen kleinen Zettel auf

»M Ä«

meinen Schreibtisch geklebt mit den Buchstaben M Ä (M für Macht, Ä für Ärger), die ich mit einem Kreuz entwertet habe, weil es für mich keinen Wert hat. Das sollte mich immer daran

36

erinnern, dass mein Ärger beweist, dass mein Aggressor über mich Macht erlangt hat. Sollten Sie dieses Selbstdisziplinierungsspielchen einmal versuchen, so werden Sie sich wundern, wer aller über Sie Macht erlangen kann. Es wird Sie über Sie schmunzeln lassen – ein guter Anfang. Nehmen wir uns nicht allzu oft allzu ernst? Und nehmen wir nicht auch andere allzu oft allzu ernst?

Um mich in den Griff zu bekommen, habe ich auf einen weiteren Zettel die Buchstaben L. M. A. A. geschrieben. Ja, richtig erkannt, die Kürzel für »Lächle mehr als andere!«. M Ä und L. M. A. A. haben mein Leben verändert. Es tut mir einfach gut, mich Stück für Stück weniger zu ärgern, anderen die Macht über mich zu nehmen – und ein wenig freundlicher durchs Leben zu gehen. Es ist damit natürlich nicht gemeint, dass wir uns ein zähnefletschendes Grinsen »aufsetzen«, das für eine Zahnpastareklame reichen würde. Auch ist nicht gemeint, dass wir nur lächeln, um andere gefügiger zu machen und sie so zu instrumentalisieren. Gemeint ist damit, dass wir in uns eine Einstellung schaffen, also bewusst herstellen, durch die Freundlichkeit zum »Ausdruck« kommt. Unsere Mimik ist Ergebnis unserer inneren Befindlichkeit. Wie jedoch glücklicherweise unsere Mimik nicht nur Ergebnis ist, sondern auch umgekehrt die Ursache sein kann für unsere Befindlichkeit, für unsere Stimmung. Wie ist das zu verstehen? Üblicherweise funktioniert Körpersprache – zu der ja unsere Mimik gehört **Der Körper** (Mimik ist Sprechen mit unserem Gesicht) – so, dass in uns **wirkt nach** eine Empfindung ist und nach außen drängt und dringt. Es gibt **innen** jedoch auch den umgekehrten Weg: dass unsere Körpersprache auch zu uns selbst spricht, in unser Inneres. »Steh grad«, **Steh grad!** singt neuerdings Wolfgang Ambros und sagte zu uns die Mutter, wenn sie an unseren hängenden Schultern erkannte, dass es uns nicht gut ging. Und sie werden nicht leugnen können, dass es uns besser geht, wenn »wir uns am Riemen reißen«, wenn wir »Haltung annehmen«. Die äußere Haltung führt so zur inneren Haltung, die dann wieder nach außen wirkt ... Der negative Teufelskreis wird so zum »Engelskreis«.

Es gibt auch medizinische Untersuchungen jüngster Zeit, die **Lachen macht** zeigen, dass Lachen zu einer starken Anreicherung guter Stoffe **gesund** in unserem Blut führt, die die freien Radikale zerstören. Und dies nicht nur bei spontanem, gesundem Lachen, sondern sogar bei »So-tun-als-ob-Lachen«. Unser Vegetativum ist ausreichend »dumm«, auf diese Finte reinzufallen. Uns selbst werden wir wohl betrügen dürfen. Lachen wirkt also nicht nur rein seelisch und psychisch, sondern ganz konkret physisch. L. M. A. A., weil: Lachen macht gesund.

**Menschlich**
**und spontan** Haben Sie Ihre Emotionalität im Griff? Seine Emotionalität im Griff haben, klingt das nicht sehr unmenschlich?

Geradezu paradox?! Ist nicht dieses wunderbare Gut der Gefühlswelt nur möglich, wenn wir spontan emotional sein dürfen? Spontan im Sinne von unüberlegt, nicht vorgedacht, einmal nicht geplant, einfach unseren Gefühlen folgend, uns ihnen überlassend – eben einfach menschlich? So nach dem Motto »Lieber in einer Leidenschaft verloren, als eine Leidenschaft verloren!«?

Wie oft jedoch verletzen wir andere und somit auch uns, wenn wir frei von der Leber weg sagen, wie uns zumute ist, was wir über andere fühlen; wenn wir ohne Rücksichtnahme und ohne Takt unverblümt die Wahrheit sagen – menschlich und spontan. Wir sollen die Wahrheit sagen, doch muss man alles, was wahr ist, auch sagen?

> Allzu menschlich und spontan
> ist nicht selten inhuman.

Um kommunikative Verletzungen zu vermeiden, sollten wir der spontanen Emotionalität eine gegenüberstellen, für die wir guten Gewissens die Verantwortung übernehmen können. Schon Platon hat unterschieden zwischen einer Emotionalität, die auf Reize reagiert, und einer solchen, die aktiv eingesetzt wird, also agierend statt reagierend: wenn Sie jemand unhöflich anschnauzt, so werden Sie mit einem Gefühl von Ärger, Wut und Zorn reagieren. Das ist zwar durchaus menschlich, aber in einem professionellen Umfeld, wo andere Sie möglicherweise mit einer derartigen Provokation nur aus Ihrer Ecke locken wollen, ist dies denkbar ungeeignet. Der Gegner ergreift Macht über Sie in dem Maße, in dem Sie auf ihn unbedacht, einfach Ihren Gefühlen gehorchend, reagieren. Dies findet nicht nur im beruflichen Alltag statt, sondern kommt »in den besten Familien« vor, und da bevorzugt in Zeiten stürmischer Pubertät. Unsere lieben Kinder testen unsere emotionalen Belastungsgrenzen ab und sind serienweise die Sieger, wenn wir explodierend und eskalierend reagieren.

Wenn es uns andererseits gelingen mag, dass wir unsere Emotionen bewusst entwickeln und bewusst einsetzen, so sind wir die agierenden, die so Macht über sich haben und auch über andere. Wenn wir also vor einer geschäftlichen Sitzung kühl, gelassen und Herr oder Frau unserer Sinne beschließen, dass wir heute ein deutliches Zeichen des Ärgers setzen wollen und werden, damit alle sehen, dass es so nicht weitergehen kann, und dass wir nicht mehr bereit sind, so wie bisher mitzutun.

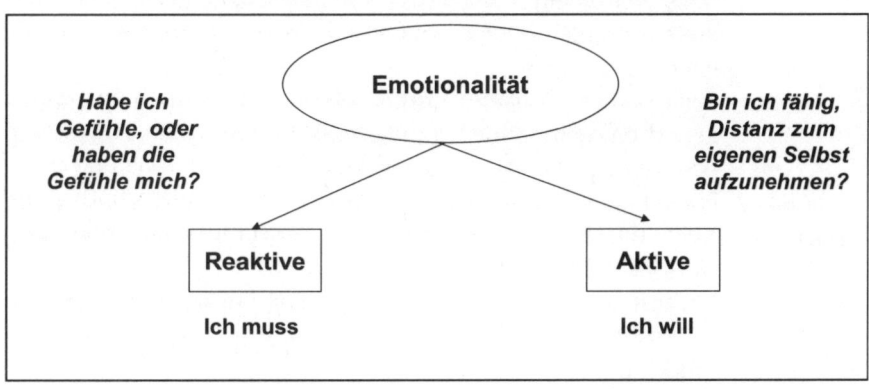

Es ist also immer die Frage, ob Sie eine Emotion haben oder ob Sie von der Emotion gehabt werden, ob Sie Ihre Emotion beherrschen oder von ihr beherrscht werden. Es ist auch immer wieder die Frage, ob Sie reagieren müssen oder agieren können. Wenn Sie Ihr Gefühl beherrschen, so sind Sie Herr oder Frau über dieses; werden Sie aber von Ihrem Gefühl beherrscht, so sind Sie Sklave. Das ist wohl die schlimmste Form der Sklaverei, denn Sie tragen als Sklave den Herrscher mit sich herum: Ihre Triebwelt, die Sie regiert. »Sie sind nicht mehr Herr im eigenen Haus«, wie Sigmund Freud sagte.

*Reagieren müssen oder agieren können*

*Die schlimmste Form von Sklaverei*

Für einen, der mit seinen eigenen und fremden Emotionen beherrscht, sinnvoll und menschlich umgehen können will, kann es sinnvoll sein, einige Gedanken der Philosophie der Stoa nachzuvollziehen. Die Stoa war eine Epoche der Antike, die von 200 vor Christus bis zirka 200 nach Christus vom Ideal der Gemütsruhe geprägt war. Für diejenigen unter Ihnen, die noch keine Bekanntschaft mit den Gedanken der Stoiker gemacht haben,

**Meister der** möchte ich einen kurzen Abriss dieser Lehrmeister der Gemüts-
**Gemütsruhe** ruhe geben. Nicht, um ein Ideal vorzustellen, sondern um Ihnen Ge- und Durchdachtes »aus einer anderen Welt« zu zeigen, das mitunter weit von unserem Denken abweicht. Der »Hauptheilige« der Stoiker war Sokrates, obwohl er selbst nicht dieser Schule zugeordnet wird; seine Weigerung, vor der Strafe und dem Tod zu fliehen, seine Ruhe angesichts des Todes und seine Behauptung, wer einem anderen Unrecht tue, schade damit sich selbst mehr als seinem Opfer – das alles passte vollendet zur stoischen Lehre. Das meiste des Folgenden ist dem kleinen Büchlein

**Epiktet** Epiktets (um 50 nach Christus geboren, um 138 nach Christus gestorben) entnommen. Er war Grieche von Geburt, ursprünglich Sklave, von Nero freigelassen.

**In meiner** Epiktet, der Stoiker schreibt: In unserer Gewalt sind unsere
**Gewalt oder** Meinung, die Triebe, die Begierde, der Widerwille, kurz: alles,
**nicht** was unser eigenes Werk ist.

Nicht in unserer Gewalt sind unser Leib, unser Vermögen, unser Ansehen, unsere Ämter, kurz: alles, was nicht unser eigenes Werk ist.

Befremdend mag auf den ersten Blick anmuten, was wir laut Epiktet nicht in unserer Gewalt haben sollten. Wir meinen doch, dass wir unseren Leib zusehends in unsere Gewalt bekommen, von gesunder Ernährung über Joggen bis hin zum Einsatz von Gentechnologie. Letztendlich werden wir aber doch zur Kenntnis nehmen müssen, dass unser Eiweiß zerfällt und es in unserem Zimmer angesichts des Todes süßlich zu riechen beginnt. Wie steht es um die Gewalt über unser Vermögen? Rockefeller sagte, er könne keine Nacht ruhig schlafen, da er wisse, wie vergänglich Besitz sei. Wenn d e r das schon erkannte ... Welches Vermögen hat die Jahrhunderte überdauert? Wohin ist das des Krösus, das der Fugger und Welser, welche die Monarchen Europas bekanntlich zu ihren Schuldnern zählten? Wir müssen mangels an Gegenbeweisen Epiktet leider zustimmen. Und was unser Ansehen anlangt, so wissen wir auch, dass wir uns um unseren Ruf nicht zu kümmern brauchen, das übernehmen gerne andere für uns. Wer ist nicht das Produkt der Meinungen anderer? Wir können zwar unsere Worte und unser Auftreten steuern, doch wer kann die Wirkung auf andere voraussehen? Die Last des Denkens und die Verantwortung für das Senden liegt vorerst beim Sender, die letztendliche Wahrnehmung liegt jedoch außerhalb unseres gesicherten Einflusskreises. Und was die Sicherheit unseres Einflusses auf unsere Ämter anlangt, kennen wir die Geschichten von Cäsar und Brutus bis hin zu den Schicksalen einst mächtiger Vorstandsvorsitzender von »unfriendly takeovers«.

Aus der Stoa lernen wir weiters: Bestrebe dich, jeder unangenehmen Vorstellung sofort zu begegnen mit den Worten: Du bist nur eine Vorstellung und durchaus nicht das, als was du erscheinst.

Prüfe zuerst, ob es etwas betrifft, das nicht in unserer Gewalt ist ... Wenn ja, so sprich nur jedes Mal sogleich:

Geht mich nichts an!
Nicht die Dinge selbst, sondern die Meinungen
von den Dingen beunruhigen uns Menschen.

Wenn wir nun auf Hindernisse stoßen oder beunruhigt sind, so wollen wir niemals einen anderen anklagen, sondern uns selbst, das heißt: unsere eigenen Meinungen.

Sache des Unwissenden ist es, andere anzuklagen. Sache des Anfängers in der Weisheit, sich selbst anzuklagen. Sache des Weisen, weder einen anderen noch sich anzuklagen.

Epiktet erinnert uns auch, dass wir nicht vergessen sollen, bei jedem Vorfall in uns zu gehen und zu untersuchen, welches Mittel wir besitzen, um daraus Nutzen zu ziehen:

Sag nie von einem Ding: Ich habe es verloren, sondern ich habe es zurückgegeben.

Ein Herr über alles ist der, welcher Macht hat,
das, was er will, anzuschaffen.

**Geht mich nichts an!**

**Weise ist, nicht anzuklagen**

Wer nun frei sein will, der muss weder etwas wollen noch etwas nicht wollen von dem, was in anderer Leute Gewalt ist. Wo nicht, so muss er Sklave sein.

Du kannst unüberwindlich sein,
wenn du dich in keinen Kampf einlässt,
in welchem es nicht in deiner Macht steht zu siegen.

Wenn dir jemand hinterbringt, dass der oder jener Schlimmes von dir rede, so verteidige dich nicht, sondern antworte: »Der wusste wohl nichts von meinen übrigen Fehlern, sonst würde er wohl nicht bloß von diesen gesprochen haben.«
So weit einige Anstöße aus dem ersten nachchristlichen Jahrhundert gegen die noch immer existierende Sklaverei durch die Herrschaft unserer Emotionen.

**Grund-** *Grundmuster 4, auf das wir uns verlassen können: Wer seine*
**muster 4** *Emotionen beherrschen kann, kann andere führen.*

## 1500 Jahre Leitbildarbeit – gelesen, gelebt, geliebt statt gelesen, gelacht, gelocht

**Mordversuch** Der Mord sollte durch vergiftetes Brot erfolgen. Das Motiv: zu harte Führung. Der Tatort: Vicovaro. Die Tatzeit: um 520 nach Christus. Das Opfer: Benedikt von Nursia, Abt. Die Täter: seine ihm unterstellten Mönche.

**Demission** Der Mord wurde vereitelt durch einen Raben, das nunmehrige Wappentier des Ordens der Benediktiner. Danach gab Benedikt seinen Führungsjob auf und zog sich für drei Jahre in eine Felsnische in einer 50 Meter hohen Felswand oberhalb von Subiaco in die Einsiedelei zurück. Die Nahrung erhielt er von Romano, der ihm »gli spaghetti« in einem Korb an einem langen Seil herunterließ. Das Wasser rann aus dem Felsen in der Nische, so wie heute, 1500 Jahre später.

**Zweiter** Die Zeit der läuternden Eremitage beendete Benedikt, als eine
**Vertrag** Gruppe von Mönchen ihn bat, noch einen Versuch als
**als CEO** Führungskraft zu machen. Er willigte widerspenstig ein, und es zeigte sich, dass die Zeit der Exerzitien ihm und seinen »Mitar-

42

beitern« gut getan hat: Statt zu hart ist sein Führungsstil streng und gütig bis sogar mild geworden. Dem »Weltkonzern« der Benediktiner stand nichts mehr im Wege.

Ein Welt-
konzern geht
seinen Weg

Im Jahr 530 zog Benedikt mit einer kleinen Schar von Mönchen 100 Kilometer durch das Aniotal weiter südwärts zum Monte Cassino, wo sie ein Kloster gründeten. Kurz nachdem sie das neue Headquarter bezogen hatten, begannen sie an ihrem Leitbild zu arbeiten. Die Workshopphase dauerte zehn Jahre. Wie lange hat diese Phase in ihrem Unternehmen gedauert? Oder: Wie viele Leitbilder wurden bei wechselnder Führung ent- und wieder verworfen?

Headquarter
auf dem
Monte Cassino

Leitbildphase

Die Leitsätze eines modernen Leitbildes werden üblicherweise so erstellt, dass im günstigen Falle Menschen aus allen Ebenen und Abteilungen – top down and bottom up – eines Unternehmens ihre Gedanken zu dem, was ihnen wichtig ist, auf Karten schreiben, die dann auf Pinnwänden »geclustert« werden. Diese Welt der Ideen, Wünsche und Werte wird sodann in die »wie immer schönsten Sätze der Welt« gegossen, auf Hochglanz- oder auch recyceltes Papier gedruckt, im Unternehmen verteilt – und dann ereilt die Mehrzahl der Leitbilder das gleiche Schicksal:

Leitbild-
Schicksale

gelesen – gelacht – gelocht.

Wie erging es dem Leitbild der Benediktiner?
Wenn Sie diese, »Die Regel des hl. Benedikt« genannte Büchlein im Pocketformat in einem Klosterladen aufschlagen, so werden ihnen neben den 73 Regeln jeweils drei Datumsangaben auffallen: Bei der ersten Regel steht »1. Januar, 3. Mai, 1. September«, bei der zweiten Regel »2. Januar, 4. Mai, 2. September« und so weiter. Neugierig, was das zu bedeuten habe, fragte ich einen Mönch nach dem Sinn dieser Angaben. »An diesen Tagen lesen wir die jeweilige Regel«, war seine Antwort. Ich wollte mehr wissen: Wer liest sie? Lesen sie alle Mönche auf der Welt? Und ich erfuhr, dass in seinem Kloster beim Mittagsmahl, bei dem geschwiegen wird, einer die Regel des Tages vorliest. So oder ähnlich geschieht das seit 1500 Jahren, in allen Klöstern und derzeit bei zirka 20 000 Mönchen – tagtäglich, dreimal pro Jahr, ein Leben lang. So kann Verhaltensänderung gelingen.

Leitbild im
Pocketformat

Tagtäglich,
dreimal
pro Jahr,
ein Leben
lang

**PE, OE,**
**Teambildung** Wie oft kommt das Leitbild ihres Unternehmens im Alltag an ihnen vorbei? Als ich von dieser »PE-(Persönlichkeitsentwicklungs-), OE-(Organisationsentwicklungs-) und Teambildungsarbeit« der Benediktiner das erste Mal erfuhr, war ich sicher zu erkennen, weshalb die meisten Leitbilder von Unternehmen nicht das bringen, was die Menschen sich von ihnen zu Beginn erhofften. Um Bestandteil eines persönlichen wie auch die Corporate Identity prägenden Verhaltens zu werden, müssen die

**Die Kraft der**
**Wiederholung** Werte, Regeln und Normen des Leitbildes durch die Kraft der Wiederholung in »Köpfe und Herzen« der Menschen Eingang finden. Wenn nun manch einer Unbehagen verspürt und meint, ·eine derartige Indoktrinierung birgt die Gefahr einer Gehirnwäsche, so würde ich entgegnen: Die Technik ist nicht verantwortlich für die Absicht. Kann es böse sein, wenn die von allen oder der Mehrheit gewünschten lebensmehrenden Sätze eines Leitbildes »unsere Gehirne waschen«? Wenn darin zum Beispiel von Toleranz, Kundenorientierung, kooperativem Führungsstil, Vertrauen, Loyalität und Solidarität die Rede ist oder auch davon, dass »wir halten, was wir versprechen!«? Ich jedenfalls bin froh, wenn gute Gedanken mein Gehirn säubern.

**Bewährte**
**Trainings-**
**methoden**
**anpassen** Als Soziologe finde ich es geradezu phantastisch, was für Schätze es an »Trainingsmethoden« seit Jahrhunderten gibt. »Es ist alles bereits gedacht, wir müssen es nur immer wieder neu denken«, wobei ich Goethe ergänzen möchte: Es wurde alles bereits gemacht, wir müssen es nur sehen. Und an unsere Welt anpassen.

**Kunden-**
**orientierung**
**seit 1500**
**Jahren** Was können wir von den Menschen lernen, die sich freiwillig entschieden haben, in der besonderen Lebensform eines Klosters an sich und miteinander für ein gemeinsames Ziel zu arbeiten? Was sind das für Leitgedanken und Leitsätze, die Menschen seit 1500 Jahren anleiten?

**Der größte**
**Tourismus-**
**betrieb der**
**Welt** »Wir sind der größte Tourismusbetrieb der Welt, was die Distribution betrifft, und auch der älteste.« Mit dieser Erklärung begann Abt Pater Dr. Johannes Pausch OSB seine Keynote anlässlich einer Tourismusmesse in Berlin. Und er fuhr fort: »20 000 direkte, 200 000 indirekte Mitarbeiterinnen und Mitarbeiter in mehr als 100 Ländern auf allen Kontinenten,

44

seit einigen Jahrhunderten. Als Tourismusbetrieb verstehen wir uns deshalb, weil es uns wichtig ist, dass sich jeder, der zu uns kommt, als Gast willkommen fühlt. Wir gehorchen dabei *ganz einfach* unserem Leitsatz aus der Regel des heiligen Benedikt: »In jedem, der zu uns kommt, sehen wir Jesus Christus.« »Kundenorientierung«, definiert vor 1500 Jahren.

Kundenorientierung 530 nach Christus

»Ich muss noch zu den Handwerkern rübergehen und sie ermutigen«, sagte Pater Pausch und bat mich um Geduld für die kleine Verzögerung unseres Treffens. Ein anderes Mal: »Bitte um Verständnis, ich geh noch schnell runter zu Sr. Miriam, um sie zu ermutigen.« In der mir auferlegten Wartezeit dachte ich zurück an meine Zeit als Führungskraft, um mich zu fragen, wie oft ich mir explizit vornahm, »meine Mitarbeiter heute zu ermutigen«. Mir wurde bewusst, dass ich dieses Wort in k e i n e m Führungskräftetraining gehört habe, auch wenn mit »loben« und »anerkennen« vielleicht das Gleiche gemeint war. »Er-MUT-igen« sagt meines Erachtens jedoch mehr aus: nämlich, wozu loben und anerkennen oder »positiv verstärken« oder »positiv konditionieren« führen sollen: Sie sollen Menschen Mut zusprechen. Ich denke dabei auch an meinen Sohn, den ich im Alter von 16 Jahren in einem Supermarkt als Verkostungskraft eingesetzt habe und den ich um 18 Uhr von seiner Arbeit abgeholt habe: Er saß – nach dem ersten Arbeitstag seines Lebens – mit herunterhängenden Mundwinkeln neben dem Geschäft. Ich habe verabsäumt, an diesem Tag vorbeizukommen, um ihn zu ermutigen.

»Ich muss sie noch ermutigen«

Mein Erziehungsbuch war nicht »Die Regel des heiligen Benedikt«, das sie seit dem achten Jahrhundert für alle Söhne des Adels war. Viele andere »Schulbücher« hat es zu der Zeit nicht gegeben. »Die Regel« war jedoch auch seit Karl dem Großen verpflichtender Bestandteil jedes Reichstags, um die tragenden Säulen des Reiches zu symbolisieren: Neben Szepter und Bibel hatte »Die Regel« zu liegen.

Das Erziehungsbuch

Es war auch das »Führungshandbuch« von 540 bis zu Niccolò Machiavellis »Il Principe«.
Lassen Sie mich Ihnen einige Highlights aus den Regeln für den

Das Führungshandbuch

Abt geben sowie für den Cellerar, den wirtschaftlichen Leiter des Klosters.

**Der Abt**
**Regel 2** Der Abt, der würdig ist, einem Kloster vorzustehen,
muss immer bedenken, wie man ihn anredet,
und er verwirkliche durch sein Tun,
**Vorbild** was diese Anrede für einen Oberen bedeutet.

So wisse der Abt: Die Schuld trifft den Hirten,
**Verant-**
**wortung** wenn der Hausvater an seinen Schafen
zu wenig Ertrag feststellen kann.

Wer also den Namen »Abt« annimmt,
muss seinen Jüngern
in zweifacher Weise als Lehrer vorstehen:
Er mache alles Gute und Heilige
**Situativ**
**führen:** mehr durch sein Leben
als durch sein Reden sichtbar.
**Führen durch**
**das Wort oder** Einsichtigen Jüngern wird er die Gebote des Herrn
mit Worten darlegen,
**Führen durch**
**Vorbild** hartherzigen und einfältigeren
jedoch durch ein Beispiel veranschaulichen.

**Gerecht,**
**fair** Der Abt bevorzuge im Kloster keinen wegen seines Ansehens.

Wenn der Abt lehrt, halte er sich immer
**Feedback**
**geben** an das Beispiel des Apostels, der sagt:
»Tadle, ermutige, weise streng zurecht.«
Das bedeutet für ihn:
**Ausgewogen**
**Maßvoll** Er lasse sich vom Gespür für den rechten Augenblick leiten und
verbinde Strenge mit gutem Zureden.
Er zeige den entschlossenen Ernst des Meisters
und die liebevolle Güte des Vaters.
Härter tadeln muss er solche,
die keine Zucht kennen und keine Ruhe geben;
zum Fortschritt im Guten ermutige er alle,
die gehorsam, willig und geduldig sind;
streng zurechtweisen und bestrafen soll er jene,
die nachlässig und widerspenstig sind.
Auf keinen Fall darf er darüber hinwegsehen,

wenn sich jemand verfehlt.
Vielmehr schneide er die Sünden
schon beim Entstehen mit der Wurzel aus,
so gut er kann.

Der Abt muss bedenken, was er ist,
und bedenken, wie man ihn anredet.
Er wisse: Wem mehr anvertraut ist,
von dem wird mehr verlangt.
Er muss wissen,
welch schwierige und mühevolle Aufgabe
er auf sich nimmt:
Menschen zu führen
und der Eigenart vieler zu dienen.
Muss er doch dem einen mit gewinnenden,
dem anderen mit tadelnden,
dem dritten mit überzeugenden Worten begegnen.
Nach der Eigenart und Fassungskraft jedes Einzelnen
soll er sich auf alle einstellen und auf sie eingehen.
So wird er an der ihm anvertrauten Herde
keinen Schaden erleiden,
vielmehr kann er sich am Wachsen einer guten
Herde freuen.

Situativ und
menschen-
gerecht
führen

Stets denke er daran:
Er hat die Aufgabe übernommen,
Menschen zu führen,
für die er einmal Rechenschaft ablegen muss.

Einstehen für
die Folgen

Der Abt muss wissen:
Wer es auf sich nimmt, Menschen zu führen,
muss sich bereithalten, Rechenschaft abzulegen.

Der Abt bedenke stets,
welche Bürde er auf sich genommen hat
und wem er Rechenschaft über seine Verwaltung ablegen muss.
Er wisse, dass er mehr helfen als herrschen soll.
Er sei selbstlos, nüchtern, barmherzig.
Immer gehe ihm Barmherzigkeit

Regel 63
Der Dienst
des Abtes

Menschlich
führen

47

über strenges Gericht,
damit er selbst Gleiches erfahre.

**Fehler-** Er hasse die Fehler, er liebe die Brüder.
**»Kultur«** Muss er aber zurechtweisen,
handle er klug und gehe nicht zu weit;
sonst könnte das Gefäß zerbrechen,
wenn er den Rost allzu heftig auskratzen will.
Stets rechne er mit seiner eigenen Gebrechlichkeit.
Er denke daran,
dass man das gekickte Rohr nicht zerbrechen darf.
Damit wollen wir nicht sagen,
er dürfe Fehler wuchern lassen,
vielmehr schneide er sie klug und liebevoll weg,
wie es seiner Ansicht nach jedem weiterhilft;
wir sprachen schon davon.
Er suche, mehr geliebt als gefürchtet zu werden.

**Der Abt** Er sei nicht stürmisch und nicht ängstlich,
**vermeide** nicht maßlos und nicht engstirnig,
nicht eifersüchtig und allzu argwöhnisch,
sonst kommt er nie zur Ruhe.
In seinen Befehlen sei er vorausschauend und besonnen.

**Der Cellerar** Als Cellerar des Klosters werde aus der Gemeinschaft
**(der wirt-** ein Bruder ausgewählt,
**schaftliche** der weise ist,
**Leiter)** reifen Charakters
und nüchtern.
**Das Jobprofil** Er sei nicht maßlos im Essen,
nicht überheblich,
nicht stürmisch,
nicht verletzend,
nicht umständlich
und nicht verschwenderisch.

Er trage die Sorge für alles.
Er mache die Brüder nicht traurig.
Falls ein Bruder unvernünftig etwas fordert,
kränke er ihn nicht durch Verachtung,

sondern schlage ihm die unangemessene Bitte
vernünftig und mit Demut ab.
Um Kranke, Kinder, Gäste und Arme
soll er sich mit großer Sorgfalt kümmern;
er sei fest davon überzeugt:
Für sie alle muss er am Tag des Gerichts
(*der Hauptversammlung*) Rechenschaft ablegen.

Alle Geräte und den ganzen Besitz des Klosters **Sorgfalt**
betrachte er als heiliges Altargerät. **gegen**
Nichts darf er vernachlässigen. **Vergeudung**
Er sei weder Habgier noch der Verschwendung ergeben.
Er vergeude nicht das Vermögen des Klosters,
sondern tue alles mit Maß und nach Weisung des Abtes.

*Grundmuster 5, auf das wir uns verlassen können: Es geht uns* **Grund-**
*gut, wenn wir Regeln, die für uns gut sind, gemeinsam durch* **muster 5**
*die Kraft des Wiederholens verinnerlichen.*


## Freude durch Arbeit –
## sinnvoll, miteinander, im rechten Maß

Die Zeit war vergleichbar mit der unseren, als Benedikt mit sei- **Zeiten des**
nen Mannen auf den Monte Cassino zog, eine Zeit der Völker- **»Change«**
wanderung, des Umbruchs. Zur Zeit der Auflösung des römi-
schen Reichs »wanderten« (was für ein eigenartiges Wort für
ein so dramatisches Ereignis wie das kollektive Ausströmen
eines Volkes) die Ostgoten auf den Apennin und übernahmen **Wenn die**
die Herrschaft in Rom. Heute erleben wir wohl die vierte Völ- **Völker**
ker-»Wanderung« nach dieser ersten um 500 nach Christus., **wandern**
der zweiten um 1500, als Europäer mit ihren Schiffen auf die
Meere hinauszogen und nach der dritten, als Europäer vom
17. bis ins 19. Jahrhundert den amerikanischen Kontinent er-
oberten und besiedelten. In diesen Tagen erleben wir, wie ver-
zweifelte und von Hoffnung getriebene afrikanische Menschen
versuchen, die europäische Küste zu erreichen. Und von Osten

her machen Schlepperbanden ein Vermögen mit den Verzweifelten aus Afghanistan bis Tschetschenien.

Was hat all das mit Freude an der Arbeit zu tun?

**Das Ideal eines Menschen** Zu Zeiten Benedikts war das Ideal eines Menschen, ein freier Vollbürger zu sein, was bedeutete, frei zu sein, ausgestattet mit Rechten. Jedoch nicht mit dem Recht auf Arbeit, wie es heute in der Menschenrechtscharta verankert ist. Die Arbeit wurde zu seinen Zeiten verrichtet durch Sklaven.

**Leben von eigener Hände Arbeit: Labora** Inmitten der Wirrnisse dieser Zeit mit ihren abrupten Veränderungen von enormen Dimensionen verankerte Benedikt in seinem Leitbild hingegen, dass die Brüder von der eigenen Hände Arbeit leben sollen. Er gebar seine Ideen, die eine jahrhundertealte Tradition gesellschaftlicher Verhältnisse radikal, ja revolutionär veränderten an einem Ort inmitten dieser Wirrnisse.

**Revolution 1500 Jahre vor Karl Marx** Und inmitten dieses Chaos des gesellschaftlichen Wandels ungeahnten Ausmaßes schuf er eine Kultur des Miteinanders, des rechten Maßes, voller Sinn. Er hat das Arbeitsethos Europas revolutioniert: Einst freie Bürger nahmen freien Willens auf sich zu arbeiten. Es waren dieses Ethos und die Bruderschaft der Benediktiner, die die Toskana zu dem kultivierten Land machten, **Toskana** das wir so sehr schätzen, es waren die Benediktiner, denen wir **Dom Perignon** den Champagner verdanken – wir denken dabei an Dom Perignon –, und es waren die Benediktiner, die all die wunderbaren Kräuterliköre erfanden, darunter die Krönung der bene- **Dom Benedictine** diktinischen Kellermeisterkunst, der Dom Benedictine, der Vorgänger des Kanzlerlikörs des Europaklosters Gut Aich.

**Freude an der Arbeit oder erst nach der Arbeit** Sie können sich nun fragen: Wo bleibt die Freude *an* der Arbeit? Das bisher Beschriebene weist eher auf die Freude *nach getaner* Arbeit hin: Urlaub in der Toskana, Champagner, Liköre. Benedikt brachte oder »bescherte« uns nicht nur die Arbeit, er entwarf ein Arbeitsmodell, das auf drei Säulen steht, die sichern sollen, dass Arbeit Freude macht.

50

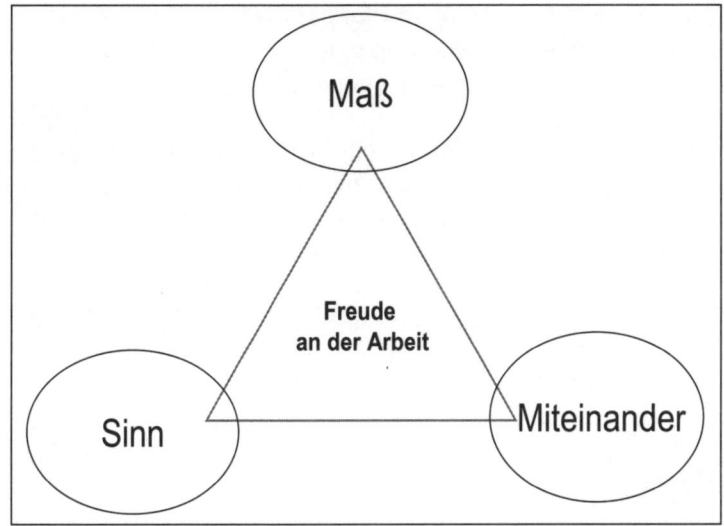

Heutzutage wollen wir als vierte Säule für Freude noch den Erfolg hinzufügen, ist doch der Erfolg der größte nachhaltige Motivator. Jedoch der Kreis zu Benedikt ist leicht zu schließen: Erfolg wird nachhaltig wohl nur als solcher erlebt werden, wenn er im richtigen Maß erreicht wird.

Benedikt von Nursia entwickelte dieses Arbeitsethos lange bevor uns Arbeit in unserer »fun society« »Spaß« machen sollte: Wir brauchen zumindest drei Säulen, wenn wir Freude an der Arbeit und durch Arbeit erleben wollen: Wir gewinnen Freude, **Drei Säulen für Sinn**

- wenn wir den Sinn kennen,
- wenn wir miteinander arbeiten statt gegeneinander,
- wenn wir das rechte Maß finden.

Als ich dieses Modell bei den Workshops anlässlich einer Fusion zeigte, die eigentlich von den meisten als ein »unfriendly **Das Kreuz mit** takeover« wahrgenommen worden war (ich kenne keine feind- **dem Sinn in** liche Übernahme, die nicht als Fusion oder als Merger maskiert **Zeiten des** wird – auf Deutsch heißt das wenigstens feindliche Übernahme **Krieges** statt beschönigend »unfreundlich«), verstanden alle, warum die Freude aus ihrem Berufsalltag entwichen war: Man verstand den Sinn nicht mehr, man arbeitete gegeneinander statt mit-

einander, und man verlor absolut das Maß angesichts der riesigen, zusätzlichen Arbeitsmenge, die die Fusion erforderte.
Freude weg, plaisir perdu, fun gone.
Fusion ist Krieg. Der Großteil der Menschen sind Verlierer oder sogar Besiegte: zumindest ab der zweiten hierarchischen Ebene, wo zwei Abteilungsleiter einander Aug in Aug gegenüberstehen, wo einer zum Stellvertreter des anderen werden wird. Wer will das schon, und wer ist bereit, sich da einzufügen?

*Grundmuster 6, auf das wir uns verlassen können: Wir erleben Freude an der Arbeit, wenn wir sinnvoll, miteinander und maßvoll arbeiten.*

Lassen Sie uns nun aus dem Krieg zurückkehren auf Heimaturlaub.


## Sinnvoll arbeiten –
## wozu tun wir das alles eigentlich?

Wenn Sie an Ihr Unternehmen denken, sind Ihnen dann der Sinn und der Zweck des Unternehmens präsent? Wenn Sie an Ihre Produkte denken, ist Ihnen klar, wozu diese auf den Markt geworfen werden? Und wissen Sie, wozu Ihr Arbeitsbeitrag gut ist? Gut über den wirtschaftlich-finanziellen Aspekt hinaus, denn der Mensch lebt nicht nur vom Brot allein.
Es bedarf zumindest dreier »Sinne«, die über Cashflow, EBIT und ROI hinausgehen, um Freude zu entwickeln, um Energien zu wecken:

1. Was ist der Sinn unseres Unternehmens?
2. Was ist der Sinn unserer Produkte oder/und unserer Dienstleistungen?
3. Was ist der Sinn meines Arbeitsbeitrags?

»Wer das Wozu kennt, ist bereit zu fast jedem Wie«, versicherte bereits Friedrich Nietzsche – und wir schließen uns an.
Wer diese drei Sinndimensionen für sich positiv beantworten kann, der wird Montagmorgens nicht denken: Um Gottes wil-

52

len, da muss ich jetzt wieder hin; der wird, wenn er die Türschnalle seines Firmeneingangs sieht, nicht denken: o Graus, da muss ich jetzt rein; der wird, wenn er seinen Schreibtisch sieht, sich nicht im Ekel abwenden wollen.

Er wird, wenn er den Sinn kennt, wissen und spüren, wozu er da reingeht.

Der Sinn lässt sich jedoch auch noch über drei weitere gedankliche Säulen festmachen:

Drei weitere Sinnsäulen

Die auf den ersten Blick triviale Säule: Ich verdiene damit meinen Lebensunterhalt. Doch auch hier erkennen wir ein zusätzliches spirituelles Wozu unserer Arbeit: Wir ernten unseren Lebensunterhalt, um innerliche und äußerliche *Freiheit* zu gewinnen, und zwar in der Art, dass wir diesen Lebensunterhalt *im rechten Maß* im Umgang mit den Dingen erwirtschaften. (Wenn ich vom Frei werden im Zusammenhang mit Arbeit schreibe, so erlauben Sie mir einen kleinen Exkurs: Was haben uns die Herrenmenschen des Tausendjährigen Reichs mit ihrer Marketingmaschinerie doch alles genommen: kraftvolle Worte wie »Kraft durch Freude«, den Slogan des Arbeitsdienstes oder »Arbeit macht frei«, die Verhöhnung an den Toren der KZ, wagen wir seit damals – zu Recht – nicht mehr zu verwenden? Andererseits haben uns diese Marketingdespoten über die Sprache so lange in ihrer Gewalt, solange wir deren Worte in unseren Tabubereich verbannen. In den zwei letzten Leitbildern, für die ich mitverantwortlich zeichnen durfte, haben sich die Menschen entschlossen, Worte wie »Freude an der Arbeit« oder »Wir freuen uns an unserer Arbeit« bewusst einzusetzen, um sich von dieser dunklen Zeit zu verabschieden.)

Lebensunterhalt einmal spirituell

Frei werden

Die zweite Säule des benediktinischen Wozu: Wir verrichten unsere Arbeit nicht nur, um unseren Lebensunterhalt zu sichern, sondern um *anderen Menschen zu dienen*.

Dienen

Und in der dritten Säule des Wozu führt uns unsere Arbeit zu Selbsterkenntnis. Das war für mich, als ich mit diesen Gedanken konfrontiert wurde, geradezu eine paradoxe Intervention: Bis zu diesem Zeitpunkt versuchte ich mich selbst zu erkennen durch Exerzitien, durch Meditation, durch Schweigen, durch

Erkenne dich selbst

verschiedenste Formen spirituellen Rückzugs oder durch »Orgien« von Feedbackschleifen in Gruppenarbeiten. Und plötzlich begegnet mir mitten in einer abendländischen Wertewelt der Zenbuddhismus mit seinem »Wenn du sitzt, dann sitzt du; wenn du stehst, dann stehst du; wenn du gehst, dann gehst du; wenn du arbeitest, dann arbeitest du«. Doch auch die Stoa kommt wieder vorbei, mit ihrem »age, quod agis« – tu das, was du tust! Und tu nur eine Sache und nicht gleichzeitig mehrere. Kreise nicht in allem, was du tust, um dich. Tu das, was du tust, um über das Tun zu dir zu kommen. In der Arbeit begegnest du dir selbst, durch Arbeit drückt sich dein Selbst aus, kommt deine Seele »zum Ausdruck«.

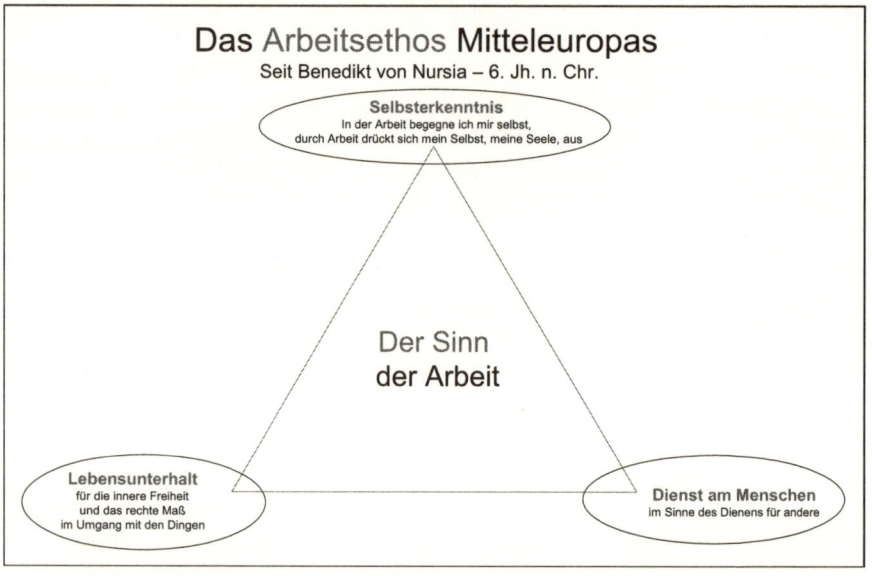

**Das** Arbeitsethos **Mitteleuropas**
Seit Benedikt von Nursia – 6. Jh. n. Chr.

**Selbsterkenntnis**
In der Arbeit begegne ich mir selbst,
durch Arbeit drückt sich mein Selbst, meine Seele, aus

**Der Sinn
der Arbeit**

**Lebensunterhalt**
für die innere Freiheit
und das rechte Maß
im Umgang mit den Dingen

**Dienst am Menschen**
im Sinne des Dienens für andere

**Grundmuster 7** *Grundmuster 7, auf das wir uns verlassen können: Wir erfahren den Sinn unserer Arbeit, wenn sie beiträgt zu unserer inneren Freiheit, wenn wir uns in ihr selbst begegnen und wir fühlen, dass wir anderen nützlich sind.*

## Miteinander arbeiten trotz Antipathie – ein Zeichen für Professionalität

Wie ging es Ihnen, als Sie in Ihre Gruppe gekommen sind, egal ob als Chef oder Kollege? Haben Sie auch sofort welche erspäht, die Sie lieber meiden wollten, und solche, deren Nähe Sie suchten? Es ist uns Menschen eigen, dass wir auf den ersten Blick andere sofort sympathisch oder unsympathisch finden, manche lassen uns auch kalt – ohne dass diese zu uns gesprochen, geschweige denn in unsere Richtung gesehen haben. **Auf den ersten Blick**

Machen Sie mit mir bitte folgendes kleine Experiment: Denken Sie an eine Person, die Ihnen wirklich unsympathisch ist. Wenn Sie mehrere gefunden haben, so suchen Sie nach dem Superlativ. Wenn Ihnen das gelungen ist, so forschen Sie, weshalb Sie diesen Menschen nicht mögen.

Ist er falsch, arrogant, streitsüchtig, dumm, uneinsichtig, stur, aufdringlich, hat er ein zu großes Bedürfnis nach zu starker Nähe, ist er geltungssüchtig oder …? Es kann auch sein, dass es Ihnen doch eher schwer gefallen ist, die Ursache für Ihre Antipathie zu entdecken. Es ist immer wieder spannend zu sehen, wie schnell die meisten den Menschen finden, den sie lieber auf Distanz halten würden, dass es nicht wenigen jedoch Mühe macht, die Ursache zu ergründen. Häufig ist es auch eine Ähnlichkeit mit jemand anderem … Was aber kann dieser arme Mensch dafür, dass er jemandem ähnlich sieht? **Was stört Sie an »ihrem« Kotzbrocken?** **Ähnlichkeiten**

Lassen Sie mich mit Ihnen an dieser Stelle einen kleinen Exkurs in die Psychologie machen. Sigmund Freud hat der Psyche zwei Hauptaufgaben zugeschrieben: Die Psyche soll Lust mehren und Unlust vermeiden. Der Psyche steht unser Gewissen gegenüber. Wenn wir nun wieder einmal etwas gemacht haben, das »sozial unverträglich« ist, so tritt unser Gewissen auf den Plan und sagt: Du hast Schuld, und ich fordere Sühne! Da tritt die Psyche entgegen und meint: Lass deine Schuld mit ihren dazugehörigen Gefühlen! Es soll ihm gut gehen, er soll Lust empfinden. – Das Gewissen lässt jedoch nicht locker und fordert stur: Schuld und Sühne. – Die Psyche, die schlaue, überlegt nun eine neue Variante gegenüber dem Gewissen, dem starren: Du hast ja Recht, wenn etwas Schlechtes passiert **Job der Psyche: Lust mehren, Unlust mindern** **Gewissen: Schuld und Sühne**

ist, dann gehört es bestraft. Wie wollen wir das mit unserem *gemeinsamen* Freund machen? Ich hätte da einen Vorschlag: Wenn es darum geht, dass jemand bestraft wird, dann könnten wir doch jemand anderen in unserem Umfeld suchen … Das Gewissen überlegt: Es ist zwar nicht der Richtige, jedoch Hauptsache Strafe, und willigt in den Pakt ein. Und so geht die

**Projektion** Psyche, die flexible, auf die Suche: Die Projektion beginnt, was nichts anderes bedeutet, als dass man eigene Unzulänglichkeiten bei anderen lustvoll bestraft. Wer sind die militantesten Nichtraucher? Richtig, die ehemaligen Raucher. Sie ziehen mit

**Schuldgefühle** missionarischem Eifer in die Schlacht, wohl um ihre Schuldgefühle bei anderen abzuladen, die sie über Jahre angesammelt haben, wenn Sie lesen mussten: »Rauchen kann tödlich sein!«

**Eifersucht** Oder: Wen plagt am stärksten die (unbegründete) Eifersucht? Sie hat weder getan, ja noch nicht einmal gedacht, was er gedacht u n d getan – und er ist eifersüchtig auf sie!

So könnte es auch sein, dass die Antipathie gegenüber einem

**Chance zur** anderen Menschen nichts mit dem anderen zu tun hat, sondern
**Selbst-** nur mit mir. Dies zumindest in Betracht zu ziehen ist eine
**erkenntnis** Chance zur Selbsterkenntnis.

Wenn bei der nächsten Sitzung Ihr Sitznachbar zu Ihnen flüstert: »Schau, der da drüben in der Ecke, ist das nicht ein echter Kotzbrocken?«, fragen Sie ihn: »Ja wirklich, was hat er denn von dir?« Das ist zwar nicht, wie man Freunde gewinnt, jedoch eröffnen Sie ihm möglicherweise das Fenster zum »Erkenne dich selbst«.

Spielen wir eine mildere Variante der Überprüfung der Ursachen für Antipathie durch: Alle anderen finden ihren »Feind« sympathisch. Lässt das nicht erkennen, dass Antipathie nichts mit dem anderen zu tun hat, sondern nur damit, wie wir die Eindrücke von ihm konstruieren.

Wenn wir jemanden nicht mögen,
hat das in erster Linie immer mit uns selbst zu tun.

Ich habe mir angewöhnt, dass ich zu Menschen, denen gegenüber ich ein Bedürfnis nach Distanz verspüre, bewusst die

**Nähe heilt** Nähe suche. Nicht, weil ich masochistisch veranlagt bin, sondern weil ich auf die Suche gehe nach dem, was dieser Mensch

56

Attraktives, Gutes, Bewundernswertes, Interessantes, Liebenswerte und so weiter an sich hat. Und ich bin noch in keinem einzigen Fall mit leeren Händen von dieser Suche zurückgekommen. Es mag sein, dass selbst dann die Antipathie bestehen bleibt. Was soll's!

### Antipathie ist Menschenrecht!

Ganz einfach deswegen, weil in unserem Gehirn unser Hippocampus beim Eintreffen eines Signals überprüft: Ist das ein Freund oder ein Feind? Und das tut dieser kleine Teil, bevor wir unseren rationalen Neokortex aktiv werden lassen können. Danach geht das Signal weiter zu unserem Mandelkern (Amygdala), von dem wir seit 1991 wissen, dass er für das Erzeugen unserer libidinösen wie auch unser Kampfhormone zuständig ist. Auch er wird aktiv, bevor wir unseren Neokortex »anwerfen«. Der Hippocampus wird auch als »der Elefant in uns« bezeichnet und der Mandelkern als »das Tier in uns«. Um uns jedoch nicht zu sehr diesen Animalien ausliefern zu müssen, hat der Schöpfer (ob Gott oder die Selektion, wen kümmert's?) uns noch ausgestattet mit einer Controllingabteilung und einem Steuermann, unserem präfrontalen Kortex, dem wir die Chance geben sollten, bevor wir zuschlagen, unsere Gefühlswallungen und deren Auslöser zu überprüfen.

Und so könnten wir, ohne einseitig nur von unserem Menschenrecht auf Antipathie Gebrauch zu machen, auch noch unserer Menschenpflicht nachkommen, nämlich zu überlegen, wie wir mit unserer Antipathie umgehen wollen. Ob wir sie ungeschminkt zeigen oder ob wir uns bemühen, den anderen zu verstehen, uns in ihn einzufühlen.

Die Frage ist: Müssen wir uns hin und her zerren lassen zwischen Sympathie und Antipathie oder kann es uns gelingen, eine dritte Position einzunehmen: die Empathie.

Zumindest Christen ist die »Pflicht« zur Empathie ja seit der Bergpredigt ins Stammbuch geschrieben, wo Jesus von Nazareth sagte: Du sollst deine Feinde lieben. Also nicht nur deinen Nächsten, das im Alten Testament seine Grenze erfährt mit dem »Aug um Aug, Zahn um Zahn«. Christen haben einen ganz schön schweren Rucksack umgeschnallt bekommen. Im beruflichen Alltag würde ich das zumindest als Forderung auf Kooperationsfähigkeit trotz Antipathie sehen. Doch auch wenn eine Führungskraft keiner Konfession angehört und wenn sie nur dem Auftrag gehorcht, den Profit zu maximieren, so ist es mit Sicherheit kontraproduktiv, Mitarbeitern gegenüber seine

**Antipathie kostet »Kohle«**

Antipathien zu zeigen. Denn was ist das Ergebnis, wenn da die einen sind, die Sie mögen, und auf der anderen Seite diejenigen, die Sie leider auch in Ihrer Abteilung vorgefunden haben? Die »Leider auchs« werden demotiviert sein – und somit würden Sie als Führungskraft für etwas Geld erhalten, wofür Sie nicht ins Unternehmen geholt worden sind: für Demotivation. Wie schaffen wir es trotz Wettbewerbs, trotz animierender Konkurrenz, die uns und unser Geschäft belebt, zumindest mit unseren Kolleginnen und Kollegen und unseren Partnern gemeinsam Probleme zu lösen, ohne dass ein Mitglied gegen ein anderes *destruktiv* kämpft? Destruktiv ist hier in dem Sinne verwendet, dass ein Mensch einem anderen schaden möchte. Wie

**Kämpfen, ohne einander zu verletzen**

schaffen wir es, kommunikativ zu kämpfen, ohne einander zu verletzen? Wenn uns das gelingt, werden wir Probleme besiegen statt Menschen. Es ist ein klares Zeichen für Professionalität, wenn wir auch zum Miteinander fähig sind trotz Antipathie. Miteinander statt gegeneinander« oder »Wie finden wir die Balance zwischen – im Extrem – langweiliger Kooperation und spannender Konkurrenz«?

Für die »Geisel Antipathie« biete ich Ihnen noch folgende ab-

**Zwei Antipathieregeln**

getestete praktische Regel an: Wenn Ihnen ein Kollege unsympathisch ist, vereinbaren Sie mit ihm, dass sie beide bei Sitzungen nach der Wortmeldung des einen jeweils zwei andere zu Wort kommen lassen, bevor der andere auf die Aussage antwortet. Sie werden sehen: Die Gruppe wird es Ihnen danken. Diese weise Regel verdanke ich Rupert Lay SJ, meinem Lehrer und Mentor, der diese für ein besseres Miteinander im Professorenkollegium der Universität mit einem Kollegen ausmachte, der ihm unsympathisch war und umgekehrt. Diese gegenseitige Antipathie artete bei Sitzungen regelmäßig aus, sodass auch die restlichen Kollegen und die Arbeit darunter gelitten haben. Lay fasste sich ein Herz und eröffnete dem anderen, dass er ein Gefühl der Antipathie ihm gegenüber habe, was der andere erwiderte. Auf diesem hohen Niveau sozialer Kompetenz war es für die beiden ein Leichtes, obige Verhaltensregel zu vereinbaren. Sie ergänzten diese um eine weitere, um das Miteinander über das rechthaberische, destruktive, dümmliche Gegeneinander zu stellen: Immer, wenn sie die Aufgabe hatten, eine Arbeit eines Studenten zu beurteilen, durfte der eine nur eine Note geben, die der Note des anderen benachbart war. So wollten sie garantieren, dass sie ihre Animositäten zumindest nicht auf dem Rücken eines unbeteiligten Dritten austrugen.

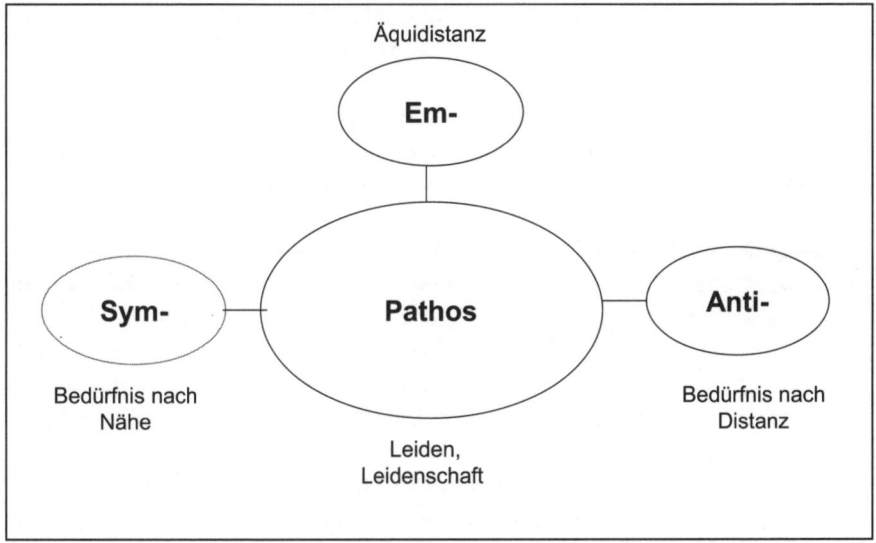

Nachdem wir nun die schwierige Baustelle Antipathie bearbeitet haben, können wir uns einfacheren Führungsaufgaben zuwenden: Wer arbeitet wie zusammen, und wie kommen wir zu Entscheidungen, wer entscheidet?
Wollen wir wieder einmal sehen, was der erste CEO der Benediktiner für das gedeihliche Miteinander seiner Mannschaft und auch für das Entscheiden vorgesehen hat:

**Wie zusammenarbeiten? Wer entscheidet?**

»Sooft etwas Wichtiges im Kloster zu behandeln ist, soll der Abt die ganze Gemeinschaft zusammenrufen und selbst darlegen, worum es geht.

**Regel 3**

Er soll den Rat der Brüder anhören
und dann mit sich selbst zurate gehen.
Was er für zuträglicher hält, das tue er.«

Kooperativ
führen
braucht
Autorität und
autoritäres
Entscheiden Der »kooperative« Führungsstil ist demnach bereits 540 nach
Christus am Monte Cassino verwendet worden. Manche mö-
gen nun einwenden, dass das kein kooperativer Stil sei, weil
letztendlich der Abt autoritär entscheide, *was er tue,* und er
auch zu Beginn autoritär entschieden habe, *worum es geht.*
Diese Beobachtung ist wohl korrekt, dass dieser Stil einen
autoritären Beginn hat, da der Chef alleine *entscheidet,* worum
es geht. Sodann hört er den Rat der Brüder: *die kooperative Ent-*
*scheidungsfindungsphase.*
Um schlussendlich, nachdem er mit sich selbst zurate gegangen ist, *alleine zu entscheiden.*

Kooperativ
statt
demokratisch Nicht wenige, nach unseren Studien die meisten, verwechseln
den kooperativen Führungsstil mit dem demokratischen: Sie
meinen, dass die Gruppe, das Kollektiv, nach getaner Kreativ-
arbeit auch *gemeinsam entscheiden* solle. Wie jedoch kann eine
Gruppe entscheiden? Wohl nur mit »Händchenheben« – und
das nennen wir seit der Antike dann demokratisch. Diese Ent-
scheidungsform mag in Parlamenten ihre Berechtigung haben.
In Unternehmen, ob nun ein profitorientiertes oder eine NPO,
gehen Entscheidungen anders vonstatten, es sei denn, es geht
um die Teeküche oder Ähnliches. Die Begründung liegt auf der
Hand: Wer trägt die finale Verantwortung? Wer steht demnach
für die Konsequenzen aus seinem Tun ein? Wer geht zum Kon-
Wer hält den
Kopf hin? kursgericht? Wer hält gegenüber dem Aufsichtsrat den Kopf
hin? Wer steht für seine Entscheidungen gerade? Ist es das
Team, die Gruppe, die Mehrheit, sei es nun mit 51 Prozent, mit
Zwei-Drittel-Mehrheit, mit 75 Prozent oder mit 100 Prozent,
die sich entschieden hat?
Der Vorstandsvorsitzende wird wohl im Falle eines Konkurses
sagen können: Sie begleiten mich nun alle, denn sie haben ja
mehrheitlich entschieden, doch es wird ihn niemand begleiten
oder ihm folgen.
Delegation Was kann nun ein Chef an seine Mitarbeiter weitergeben? Es
stellen sich nur zwei Möglichkeiten dar: die Arbeit und die Ver-

antwortung. Die Arbeit kann er wohl delegieren, und das zu 100 Prozent, mit anderen Worten: Er ist sie los. Das ist die angenehme Seite vom Chefsein. Wie steht es mit der Verantwortung? Kann er diese auch loswerden? Mag diese Frage Ihnen auch trivial bis banal erscheinen, über Hunderte wenn nicht schon Tausende von Führungskräften zeigten mir, dass diese Frage immer noch für Aufregung sorgt. Es gibt immer noch eine nicht geringe Zahl von Managern, die meinen, mit der Aufgabe würden sie auch die Verantwortung los. Konsens erreiche ich in den folgenden Diskussionen immer mit der Darstellung, dass sie die Verantwortung zwar zu 100 Prozent mit der damit verbundenen Arbeit *weiter*geben, diese damit jedoch nicht *ab*geben. Die Verantwortung bleibt – ungeteilt – zu 100 Prozent auch bei ihnen.

Schauen wir, was Benedikt sich für ein gutes Miteinander – wir sind immer noch bei der zweiten Säule für Freude an der Arbeit – weiters ausgedacht hat.

»Dass aber alle zur Beratung zu rufen seien,
haben wir deshalb gesagt,
weil der Herr oft einem Jüngeren offenbart,
was das Bessere ist.«

Regel 3,3

Das Wichtige
mit den
Jüngeren

Es war eben zur Zeit Benedikts noch nicht so lange her, dass Alexander der Große bis Indien vorgedrungen ist, bevor er im Alter von 33 Jahren sein Leben beendete. Wie alt sind unsere Firmenführer? Wer wird in wichtige Sitzungen zur Ideenfindung hinzugezogen?

Benedikt schreibt weiter, um sicherzustellen, dass es in der Sitzung zu einem Miteinander statt zu einem Gegeneinander kommt:

»Die Brüder sollen jedoch in aller Demut
und Unterordnung ihren Rat geben.
Sie sollen nicht anmaßend und hartnäckig
ihre eigenen Ansichten verteidigen.
Vielmehr liegt die Entscheidung
im Ermessen des Abtes:
Was er für heilsamer hält,

darin sollen ihm alle gehorchen.
Wie es jedoch den Jüngeren zukommt,
dem Meister zu gehorchen,
muss er seinerseits
alles vorausschauend und gerecht ordnen.

**Unwichtiges ohne die Jüngeren** Wenn weniger wichtige Angelegenheiten des Klosters
zu behandeln sind,
soll er nur die Älteren um Rat fragen,
lesen wir doch in der Schrift:
›Tu alles mit Rat,
dann brauchst du nach der Tat nichts zu bereuen.‹«

**Grundmuster 8** *Grundmuster 8, auf das wir uns verlassen können: Wir werden
professionell gemeinsam Probleme lösen, wenn wir es schaffen,
miteinander zu kämpfen statt gegeneinander, selbst wenn wir
einander nicht mögen.*

## Das rechte Maß – entscheiden zwischen dem Zuviel und dem Zuwenig

Gelingt es Ihnen, zu entscheiden zwischen dem Zuviel und
dem Zuwenig? Wenn ja, dann sind Sie im Besitz der wichtigs-
ten aller Tugenden, laut Benedikt: im Besitz der »Mutter aller
Tugenden«. Auch folgen Sie dem vielleicht weisesten aller
Münder, dem Volksmund: zu wenig und zu viel ist des Narren
Ziel.
Schauen wir wieder einmal in diese 1500 Jahre alte Fundgrube
des Managements und der Führungslehre:

**Regel 64 Der Dienst des Abtes** Bei geistlichen und bei weltlichen Aufträgen
unterscheide er genau und halte Maß.

Er denke an die maßvolle Unterscheidung des heiligen Jakob,
der sprach:

»Wenn ich meine Herden unterwegs überanstrenge,
werden alle an einem Tage zugrunde gehen.«

Diese und andere Zeugnisse
maßvoller Unterscheidung,
die Mutter aller Tugenden, beherzige er.
So halte er in allem Maß,
damit die Starken finden, wonach sie verlangen,
und die Schwachen nicht davonlaufen.

Heute sprechen wir von der Führungsfähigkeit, Menschen zu fordern und zu fördern. Und wir fordern, dass sie die Mitarbeiter dabei nicht überfordern. Und im Falle von fördern auch nicht unterfordern. Benedikt spricht deutlich von den Starken und Schwachen, die es zu unterscheiden gilt. Die Starken verlangen, sie fordern von selbst, dass wir sie fördern, indem wir sie fordern. Hier muss jedoch die Führungskraft achtsam werden, ob der »Starke« weiß, was für ihn gut ist oder was zu viel. Oder ob der Starke nur einem Ideal-Ich nacheifert, das ihm nicht vergönnt ist zu erreichen. Burnout tritt immer erst zu spät erkennbar zutage. Und verlangt er von den »Schwachen« zu viel, so erhöht er die Fluktuation, was die Bilanz teuer zu stehen kommt, wofür der Manager Rechenschaft ablegen wird müssen. Eine der obersten Management- und Führungsaufgaben ist, zu erreichen, dass Menschen ihre gesamte verfügbare Energie in Form von Fähigkeiten, Talenten, Potenzialen, Kompetenzen in das Unternehmen einbringen, und die weitere Aufgabe von Führung ist sicherzustellen, dass karriere-»geile« Mitarbeiter nicht sich selbst und ihre Umgebung verbrennen. Denn: »Wenn wir unsere Herden überanstrengen, werden alle an einem Tage zugrunde gehen.«
800 Jahre vor Benedikt hat Aristoteles bereits erkannt, dass wir, um gesund zu bleiben, unsere Zeit einteilen sollen in Arbeit , Freizeit und Muße.

**Weder über- noch unterfordern**

**Aristoteles
Arbeit –
Freizeit –
Muße**

63

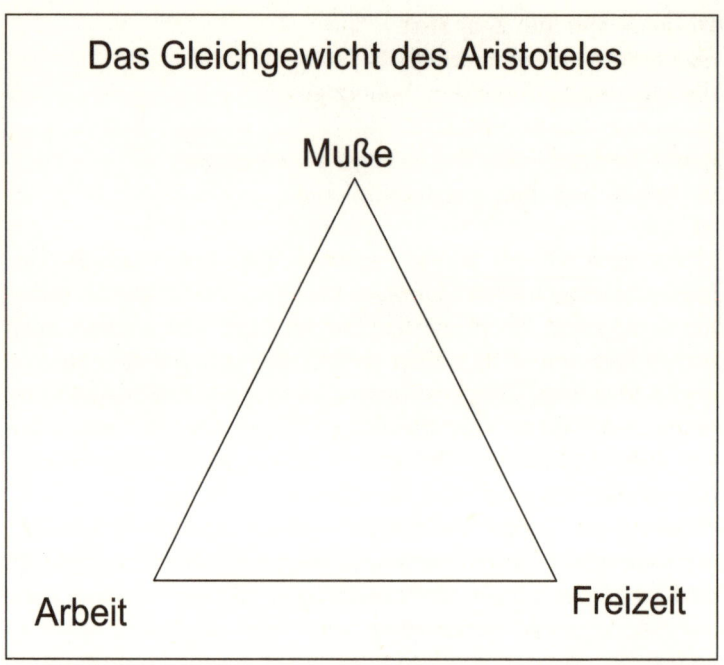

**Das Gleichgewicht des Aristoteles**

Muße

Arbeit          Freizeit

**Zweckfreie Zeit**

**Muße**

**Musen**

**Museen**

**Das Freizeitparadoxon**

Von diesem ausgeglichenen Dreieck sind heute nur zwei Ecken übrig geblieben: die Arbeit und die Freizeit. Wer pflegt noch den Genuss »zweckfreier Zeit«, wie sie die Muße darstellt, in der wir, wenn wir Glück haben, von den Musen geküsst werden? Wer geht noch wie oft in Museen? Unsere Freizeit ist nur frei in dem Sinne, dass sie frei von Arbeit ist, woran der Stellenwert von Arbeit erkannt werden kann: Arbeit ist Mühe. Die Römer unterschieden zwischen »otium«, die Mußezeit, und »negotium«, die »Negation der Muße«, die Arbeit. In der heutigen Freizeit wollen wir uns davon befreien, nicht zu arbeiten, und sind gezwungen, diese karge »freie« Zeit mit Aktivitäten zu füllen. Dadurch wird Freizeit zum Paradoxon: Die freie Zeit wird getaktet und voll gepfropft mit »Freizeitprogrammen«.

Wenn bei den ursprünglich drei Säulen des Aristoteles eine verschwindet, wird die stabile Fläche zu einer schmalen Geraden, gerade geeignet zum Balancieren, jedoch ungeeignet zum Ausruhen und Kräftesammeln.

Kraft und Energie kommen nicht nur aus der Freizeit, sie bedür-

64

fen der Muße, des Dolcefarniente, des süßen Nichtstuns. Die Griechen entsprachen dem mit zwei Göttern für die Zeit: mit Chronos und Kairos.

Chronos – Kairos

Chronos war der unbarmherzige Gott des Taktes, ein Tyrann. Kairos hingegen war der Gott des rechten Augenblicks, des rechten Maßes, der guten Gelegenheit, den die Römer Occasio nannten.

Der Gott des Taktes

Der Gott des rechten Augenblickes

»Chronos selbst zeugte die griechischen Götter. Doch aus Angst vor einem männlichen Nachfolger verschlang er seine Kinder. Die Zeit unter der Herrschaft Chronos' verschlingt ihre Kinder. Die Zeit unter dem Herrscher Chronos hat Angst vor einem Nachfolger, Angst vor der Zukunft. Sie möchte alles in ihrem Schlund begraben. Sie ist von Angst geprägt und getrieben. Bis heute haben die Menschen Angst, die Zeit könnte ihnen abhanden kommen: eine Zeit, die nur nach dem »Chronometer« gemessen wird.

Chronos verschlingt

In so einer Zeit kann nichts blühen. In der westlichen Welt herrscht immer mehr Chronos: Wir unterwerfen uns der messbaren Zeit, machen minutengenaue Termine, schauen ständig auf die Uhr. Die messbare Zeit zwingt uns, unser Leben in ein enges Korsett zu zwängen. Der Gott Chronos ist ein Tyrann. Unter seiner Tyrannei leiden heute die meisten Menschen. Doch die Herrschaft des Chronos führt nicht dazu, dass die Zeit effektiv genutzt wird. Sie erzeugt Druck und Angst, doch keine Fruchtbarkeit. Es wächst nichts Neues. Alles geht rasend weiter. Chronos schlägt den Takt – und findet keinen Rhythmus. Den Rhythmus verdanken wir Kairos.

Es kann nichts mehr blühen

Chronos ist ineffizient, ist nicht fruchtbar

Takt ohne Rhythmus

Rhythmus ist die Gliederung der Zeit
in sinnlich fassbare Teile.
Chronos zer(r)gliedert, schneidet die Zeit in Stücke.
Kairos hingegen gliedert die Zeit, verbindet die Augenblicke,
bringt sie ins rechte Maß, lässt wachsen und reifen.

Sinnlich fassbare Zeit

Kairos lässt wachsen und reifen

Verdichtet aus Worten von Anselm Grün, OSB

Als ich vor einigen Jahren, auf der Suche nach einem außergewöhnlichen Seminarplatz, erstmals bewusst ein Kloster betreten habe, habe ich weder über Benedikt noch über die Lebens-

Lebens-ART

65

art, besser die Lebens-Kunst, der Benediktiner etwas gewusst.

Ein Kraftplatz fürs Arbeiten Doch ich spürte sofort, beim Durchschreiten der Pforte, dass hier ein Kraftplatz fürs Arbeiten ist. Es ist schön, immer wieder aufs Neue, bei neuen Seminaristen zu sehen, wie es selbst den nüchternsten Managern ebenso ergeht. »Wie gut, einmal nicht wie üblich in einem Fünfsternehotel ein Seminar zu erleben«, war die nachdenkliche Aussage eines Menschen der obersten Führungsebene. Doch ist es nicht nur die Architektur, die Hülle, die die Kraft gibt. Es ist auch dieser Rhythmus, der sich auf uns legt, wenn wir im Kloster arbeiten. Er verändert den Stil unserer Arbeit und die Zeitabfolge.

Ein Tag im Kloster Lassen Sie uns einen Blick werfen auf einen benediktinischen Tag: Er erhält seine Struktur durch vier Zeiten für Muße in Form des Gebets, die Horen: Das sind die Zeiten, zu denen die Mönche zum Gebet zusammen-»laufen« – »gehen« würde nur für die Älteren passen, denn das Tempo, das die Jüngeren vorlegen, kann man nicht mit gehen bezeichnen.

Im Europa- und Friedenskloster Gut Aich bei Sankt Gilgen am Laudes Mittagshore Vesper Komplet Wolfgangsee beginnt der gemeinsame Morgen um 6.30 Uhr mit der Laudes, dem Morgenlob, bei dem sich die Gemeinschaft in den Tag einschwingt; von 11.30 bis 12.00 Uhr ist die Mittagshore; von 17.45 bis 18.30 Uhr folgt die Vesper, und den Abschluss des Tages feiert man in der Komplet. Nach der Laudes, um 7.00 Uhr geht jeder seiner Wege. Der Abt beispielsweise macht mit Jolly, dem zugelaufenen Klosterhund, einen Morgenspaziergang, während Bruder Emanuel mit den Gästen des Klosters von 7.00 bis 7.15 Uhr im Gymnastik- und Meditationsraum auf wunderschönen türkischen Teppichen eine Viertelstunde sich dem Schweigen hingibt. Anschließend wird Liköre und Schnäpse Physiotherapie eine Dreiviertelstunde der Körper durch Körperübungen wach gerufen. Danach wird gefrühstückt. Von 9.00 bis 11.15 Uhr geht jeder der Mönche seiner Arbeit nach, sei es Bruder Stefan in der Klosterkellerei, oder Bruder Emanuel im Hildegard-Zentrum, wo Patienten in der Physiotherapie Besserung suchen. Psychotherapie Oder Abt Pater Johannes Pausch arbeitet in seiner Profession des Psychotherapeuten (neben seinem Beruf des Kellermeisters) mit seinen Patienten an der Heilung ihrer Psyche und Exerzitien Seele. Oder Bruder Thomas betreut von 9.00 bis 10.00 Uhr seine Gäste, die eine Woche lang zur Einkehr und zu Exerzitien ins Kloster kommen, um unter seiner spirituellen Leitung am ersten Tag sich auf das Hören zu konzentrieren, am zweiten Tag auf das Schweigen, am dritten Tag auf das rechte Maß, am vierten Tag auf die Demut und am letzten Tag auf die Beziehungen, die während der letzten Tage entstanden sind. Bruder Lukas werkt in seiner Goldschmiedewerkstatt an Kleinoden, wie Ringe und Halsanhänger, die er gemeinsam mit seinen Kunden entwirft, wo gemeinsam man in sich hineinhorcht, was welche Gestalt annehmen möchte. Und Bruder Raphael, der immer fröhliche Kärntner, arbeit an der Pforte an Verwaltungsarbeiten und betreut gleichzeitig den aufregenden Klosterladen mit seinen klostereigenen Schnäpsen, Cremes, Delikatessen, Büchern aus der Feder von Abt Pausch und Bruder Thomas sowie CDs über den Humor mit den Reden des Abts etc. Nach der Mittagshore wird gemeinsam im Refektorium, dem hellen und freundlichen Speisezimmer, von dem man in den Kreuzgang schaut, das Mittagsmahl eingenommen, und zwar schweigend. Die Beziehung zur Außenwelt wird überraschenderweise durch das Hören von Ö 1 hergestellt. Und es wird die Regel des Tages aus dem »Leitbild« des heiligen Benedikt gelesen. Um 12.30 Uhr gehen zwei Brüder in die Küche, um in wahnwitzigem Tempo, als ginge es um die Extraprämie im Gruppenakkord, abzuwaschen und abzutrocknen. Um 14.00 Uhr trifft man sich zum Kaffee, und so gegen 14.30 Uhr geht jeder wieder seiner Arbeit nach: Kräutergarten pflegen, Bücher schreiben, Bilder malen, Gäste betreuen, Seminare vorbereiten etc. Nach der Vesper von 17.45 bis 18.15 Uhr kommt um 18.30 Uhr das gemeinsame Abendmahl, gefolgt von einer Stunde, in der wieder jeder seiner Wege gehen kann. Und um 20.15 trifft man sich wieder, um 75 Minuten lang gemeinsam die Probleme des Tages zu besprechen, denn »bei einem Streit muss man vor Sonnenuntergang zum Frieden zurückkehren«: 75 Minuten für Unternehmenskulturarbeit. Und um 21.30 Uhr wird der Tag des Betens, des Arbeitens, der Muße mit dem letzten gemeinsamen Gebet und Gesang unter der Begleitung wunderschöner Orgelmusik von Bruder Thomas beschlossen. Danach herrscht Schweigen.

Goldschmiede

Pforte
Klosterladen

Küchen-
»Akkord«

Kräutergarten
Bücher
Bilder
Seminare

Auf die Frage an Pater Johannes Pausch, was für ihn das wichtigste Vermächtnis von Benedikt sei, antwortet er, ohne auch nur einen Augenblick zu zögern: der Rhythmus.

Viele Teile dieses Rhythmus können in unseren Alltag herübergeholt werden: wenn vor unserer Bekanntschaft mit diesem Rhythmus meine Frau mich zum Essen rief, dann meistens mit dem Appell: »Bitte, sofort, sonst wird das Essen kalt!« Stress war die Folge. Nun ruft sie mich mit einem Mitbringsel aus Neuseeland, einer holzgeschnitzten Pfeife, die in vier Varianten das Pfeifen eines Zuges nachahmt. Danach habe ich vereinbarungsgemäß noch fünf Minuten Zeit, um mich innerlich von der Arbeit zu trennen, mich geistig zu entleeren, und um mich sinnlich auf den Genuss des gemeinsamen Essens einzustimmen. Diese benediktinischen Tagesmuster lassen sich in jeden Berufsalltag integrieren, denn wer will ihnen verwehren, zwischen den Sitzungen für fünf Minuten den Ort aufzusuchen, an den sie mit Sicherheit niemand begleitet.

**Sich innerlich frei machen für die nächste Arbeit**

Rhythmus ist die Gliederung der Zeit in sinnlich fassbare Teile.

**Grundmuster 9**

*Grundmuster 9, auf das wir uns verlassen können: Es wird uns gut tun, wenn wir in unsere Arbeit das rechte Maß und in unsere Zeit Rhythmus bringen.*

## Der Balanceakt zwischen Flexibilität und Stabilität

**Change**

Die Welt der Nanotechnologie, die Halbleiterindustrie, ist eine der schnellsten Branchen, wenn nicht die schnellste mit den rasantesten Veränderungen. Die Verdoppelung der Speicherkapazitäten und die Halbierung der Preise erfolgt im Quartalsrhythmus. Alles ist ausgerichtet auf Innovation, auf Flexibilität, auf das Finden neuer Wege, weg vom Althergebrachten: »Never stop thinking« leuchtete mir bereits in der Empfangshalle entgegen. Auf dem Weg in das Zimmer des Vorstands ging ich durch Gänge, an deren Wänden nach und nach ich mit fünf Projekten in PowerPoints von hervorstechender Qualität be-

**Never stop thinking**

kannt gemacht wurde. Im Gespräch mit dem Direktor wurde ich dann informiert, dass dies nur die fünf prioritären Projekte von derzeit zehn sind. Change, Wandel, Veränderung, Verbesserung.

Ich fragte in meinem »Kulturspiegel«-Gespräch, wer sich in dem Konzern bei all der Flexibilität und auch der Forderung nach Mobilität um die Stabilität kümmere?

Die Frage saß! Zum damaligen Zeitpunkt stellte ich sie intuitiv, seit damals stelle ich sie strategisch. Mein Gesprächspartner wurde nachdenklich (was ja mitunter kein Fehler ist). Es kann auf dieser Welt nie das eine ohne das andere geben. Es sollte den Takt nicht ohne Rhythmus geben.

**Das eine braucht das andere**

Damals wusste ich noch nicht, dass ich die Frage nach den beiden ersten Verpflichtungen »des ältesten Unternehmens« der Welt stellte: die beiden ersten Gelübde des Ordens der Benediktiner – Stabilitas und Conversatio. Stabilitas wird gefordert in zweierlei Hinsicht: Stabilitas in sua (Stabilität in sich) und Stabilitas in congregatione (Stabilität im Miteinander). Um jedoch in Stabilität nicht zu erstarren, werden im zweiten Gelübde die Flexibilität, der Wandel, die Umkehr gefordert, die Conversatio.

Sie sehen, es ist bereits alles gedacht, man muss es nur immer wieder neu denken.

In seinem Leben, im Alltag, beim Arbeiten, im sozialen Geflecht befindet sich der Mensch immer im Fluss der Veränderung, immer in der Pendelbewegung zwischen Extremen. Leben ist nur durch Veränderung möglich, sie ist notwendig, damit sich etwas bewegen, weiterentwickeln oder wachsen kann. Leben selbst ist Veränderung. »Leben ist Spannung«, sagte Erwin Schrödinger in seinem Büchlein »What is life?«.

**Festhalten und loslassen**

**Leben ist Spannung**

Zum Leben bedarf es jedoch auch stabiler Elemente: das Gewohnte, das Vertraute, das Gleichbleibende. Die stabilen Elemente geben dem Menschen Sicherheit und lassen ihn seine Unsicherheiten und Ängste bewältigen. Derjenige aber, der starr am Bewährten festhält und, nicht bereit ist, es zumindest auch kritisch zu überdenken und falls notwendig, auch zu verlassen, wird in seinem Denken, Handeln und Verhalten unflexibel sein, und seine Kreativität wird blockiert.

Es ist die Fähigkeit des »Loslassens«, um dem Neuen, dem Anderen, dem Lebensfähigeren Platz zu schaffen. Ob es Abschiede sind oder Neuanfänge – in all diesen Fällen muss das Veraltete losgelassen werden.

**Grund-
muster 10** *Grundmuster 10, auf das wir uns verlassen können: Wir schaffen die Spannung für Neues, wenn wir ausgehend von Bewährtem für notwendigen Wandel sorgen.*

## Die Selbstwertregel – Achtung schenken, Bedeutung geben

Unseren Wert erhalten wir von anderen zugewiesen. Es sei denn, sie zählen zu dieser raren Spezies der »Autonomen«, der Unabhängigen. Zu jenen Menschen, die mit sich selbst im Reinen sind und dazu nicht der Aufwertung anderer bedürfen.

Als ich mit 17 Jahren auf meine Bewerbung als Ferialpraktikant bei einer Glashütte in Düsseldorf die Antwort erhielt: »Wir werden Sie in der Qualitätskontrolle einsetzen«, fühlte ich mich als Gymnasiast bestätigt: »Qualitätskontrolle«, was sonst? Als mich der Vorarbeiter dann am Fließband in meine Arbeit einwies: »Sie schauen auf die vorbeiziehenden Flaschen und überprüfen, ob diese dem Muster in der Form entsprechen und, zweitens, ob sie einen Haarriss haben«, und auf meine Frage, was denn sonst noch meine Aufgabe sei, er mit »Das war's!« antwortete, fühlte ich eine kleine Abwertung meines ohnehin noch zarten Egos. 55 Minuten »Qualitätskontrolle«, darauf fünf Minuten Pause, danach wieder 55 Minuten …

Nach dieser ersten Introduktion sah ich den Vorarbeiter nie mehr wieder. Ich erlebte das erste Mal in meinem Leben absolute Einsamkeit, ohne alleine zu sein. Und das für einen **Einsamkeit
bei der Arbeit** Schüler hohe Verdienst verleitete mich dazu, die ursprünglich vereinbarten vier Wochen im Sommer 1972 um weitere vier Wochen in diesem Jammertal zu verlängern.

Jahre später als Berater kam mir dieses Erlebnis wieder in den Sinn, als ich zu unterscheiden hatte zwischen den beiden Bereichen von Arbeit:

Geht es bei der Arbeit um das Erledigen von Aufgaben oder um das Lösen von Problemen?

Für Führungskräfte und die ihnen Überantworteten ist diese Unterscheidung essenziell: Menschen, die Probleme zu lösen **Problemlöser** haben, brauchen als Kernkompetenzen Mut und Kreativität und empfinden nach der Lösung von sich aus ein Gefühl von Erfolg. Sollte auch niemand außer ihnen selbst diesen Erfolg wahrnehmen, so können sie sich zumindest noch selbst mit der Rechten anerkennend auf die linke Schulter klopfen.

Wenn hingegen einer am Fließband »aufwacht«, so hat er nie ein Erfolgsgefühl im Sinne von »Erfolg ist das Setzen und Errei- **Leistungs-** chen von Zielen«. Denn: An einem »Fließband« gibt es kein **erbringer in** Ziel, sei es das Fließband in einer Fabrik oder in einem Amt, **Routine** wo die Akten links »reinfließen«, mit Fleiß und Kompetenz abgearbeitet werden und rechts den Schreibtisch verlassen. Und so geht das an so einem Arbeitsplatz ein Leben lang. Diese Menschen brauchen für ihr Selbstwertgefühl »Sozialverstärkung«, was auf gut Deutsch nichts anderes bedeutet, als dass ein Mensch zu ihnen kommt und mit ihnen spricht, damit sie spüren, dass andere wissen, dass es sie gibt.

An meinem Düsseldorfer Fließband hätte es mir wahrscheinlich genügt, wenn der Vorarbeiter mich gefragt hätte, wie es mir geht. Beim ersten Mal hätte ich wohl stereotyp mit »Danke, gut« geantwortet, beim zweiten Mal mit »Naja …« und beim wiederholten Male ehrlicher »So eine Sch…arbeit!!!«. Er hätte mit diesem Gespräch mir mein Schicksal zwar auch nicht ändern können, ich jedoch hätte sicher ein Gefühl der Erleichterung verspürt – und wäre mit Fleiß und Kompetenz dem »hoch qualitativen Anspruch« des Aussortierens fehlerhafter Flaschen nachgekommen.

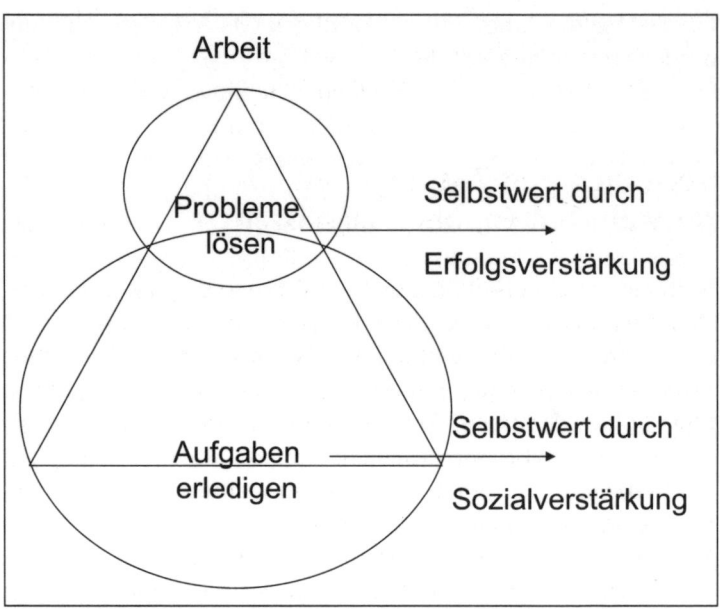

Arbeit

Probleme lösen

Selbstwert durch
Erfolgsverstärkung

Aufgaben erledigen

Selbstwert durch
Sozialverstärkung

**Sid, das Omega-Tier in Ice Age 2** Oder: Kennen Sie Ice Age 2? Dort können Sie sehen, wie weit Lebewesen gehen, um ihren Selbstwert bestätigt zu bekommen. Sid, das Faultier, das von seiner Gruppe als echtes Omega-Wesen misshandelt wird, gerät in eine Gruppe von Tieren, die auf das Erscheinen des Feuergottes warten. Als Sid bei ihnen erschien, erkannten sie ihn als den Erwarteten und wollten ihn opfern. Sid war zwar von der ihm zugedachten Rolle als Opfer unangenehm berührt, dennoch schätzte er die große Achtung und Bedeutung, die ihm zuteil geworden war. Er konnte sich in letzter Minute aus der misslichen, sehr ambivalenten Lage durch Flucht befreien. Zu seiner Karawane aus Mammut, Säbelzahntiger und anderen »hochwertigen« Tieren zurückgekehrt, erzählte er diesen unter dem wiederkehrenden Refrain »Sie haben mich geachtet! Sie haben mich geachtet!« seine »Erfolgs«-geschichte. Doch niemand interessierte sich für Sid und seine kurz während Bestätigung seines Selbstwerts.

Auch wir Menschen sind nicht selten Sids: Wir gieren nach Anerkennung, Bestätigung, Selbstwertgefühl bis knapp vor dem Tod, manche selbst bis in den Tod.

*Grundmuster 11, auf das wir uns verlassen können: Wir vergrößern das Wichtigste für uns Menschen, unser Selbstwertgefühl, wenn wir einander Aufmerksamkeit und Achtung schenken.*

## Vertrauen und Zutrauen – für wahr halten, ohne zu wissen

Ist Ihnen der Unterschied zwischen Ver- und Zutrauen bewusst? Wenn ein Installateur zu uns nach Hause kommt, so werde ich meine Brieftasche wegschließen, da ich einem Unbekannten nicht vertraue. Die Reparatur hingegen traue ich ihm zu. Wenn mein Sohn oder meine Tochter zu uns kommt, so lasse ich die Brieftasche im Vorzimmer liegen, weil ich ihnen vertraue. Von der Reparatur in unserem Badezimmer würde ich sie aber fernhalten, da ich es ihnen nicht zutraue.

**Der Ehrlichkeit vertrauen**

**Das Können zutrauen**

Manch einem, dem ich etwas zutraue, misstraue ich.
Manch einem, dem ich vertraue, traue ich etwas nicht zu.
Zutrauen ist eine funktionale Größe, Vertrauen hingegen ist eine personale Größe, eine psychisch-sozial-ethische.
Diese Unterscheidung ist essenziell. Wenn ich in Workshops Gruppen an den wichtigen Interaktionen für das Herstellen von Vertrauen arbeiten lasse, so kommt wie das Amen im Gebet die Forderung nach Information. Dies geschieht immer dann, wenn sich die Teilnehmer nicht vorher die Frage stellen, was Vertrauen bedeutet. Vertrauen bedeutet glauben. Und glauben bedeutet, für wahr halten, ohne zu wissen. Vertrauen findet also statt, ohne Wissen, ohne »ZDF«, ohne Zahlen, Daten, Fakten. Demnach ist Information keine notwendige Bedingung, keine Conditio sine qua non für Vertrauen. Es geht auch ohne sie, mitunter sogar besser. Denn mehr Wissen führt nicht immer zu mehr Vertrauen, manchmal sogar nicht einmal zu mehr Sicherheit. Seneca wusste schon: Je größer die Insel des Wissens im Meer der Unkenntnis, desto größer die Küste des Zweifels. Bestechend fand ich die Antwort jenes 25-jährigen Informatikers von General Electric, der konterte: Sie wissen aber schon, dass sich die Insel – als Fläche – bei Zunahme zum Quadrat vergrößert; die Küste – als Linie – jedoch nur linear. Es lohnt

**Information ist keine Quelle für Vertrauen**

sich demnach also schon, Wissen zu vermehren, aus dem Sicherheitsparadoxon befreit uns das jedoch nicht. Watzlawick sprach schon von der Lösung 1 und der Lösung 2. Ordnung: die Lösung 2. Ordnung ist eine durch ein »Mehr-desselben«, die Lösung 1. Ordnung ist eine durch ein »Mehr-des-anderen«. Dennoch wird in unserer informationssüchtigen Welt immer wieder versucht, die Spekulation durch ein Mehr-desselben zu reduzieren. Wenn man merkt, dass die Mitarbeiter verunsichert sind, so werden neue Daten nachgeliefert. Hilft die neue Info-Menge auch nicht zur gewünschten Reduktion der Unsicherheit, so wird mittels weiterer Exel-Sheets, E-Mails, Rundschreiben ein »Noch-mehr-desselben« nachgeschoben. Die Spekulation wird zwar verringert, doch sie kann nie auf null verringert werden. Es geht auch gar nicht darum, diese zu verringern oder gar zu eliminieren. Es geht einzig und allein darum, dafür zu sorgen, dass die Menschen nicht negativ spekulieren (»Was machen die da oben nur wieder mit uns und dem Laden?), sondern positiv: »Wir wissen zwar nicht, wozu das dienen soll, doch wir vertrauen Ihnen. Sie werden sich schon was dabei gedacht haben!«

Wie können wir nun prüfen, ob Vertrauen gegeben ist? Stellen Ssie sich einfach zwei Fragen:

1. Wer glaubt mir? Ohne Information, ohne »ZDF«?
2. Wem glaube ich? Ohne Information?

Denken Sie dabei einmal »360 Grad« an Ihre Kolleginnen und Kollegen, an Ihre Vorgesetzten, an Ihre Mitarbeiter, an ihre Kunden. Wollen wir uns nun ansehen, wie wir es schaffen können, dass uns Vertrauen geschenkt wird.

Nach einer Wahlschlappe ist ein Parteimanager an mich mit dem Wunsch herangetreten, ein Eintagesseminar zum Thema »Vertrauen in die PolitikerInnen wieder erlangen«, da er von einem guten Dreitagesseminar gehört hatte. Ich wollte zuerst einen Schnellsiedekurs ablehnen, doch dann erkannte ich die Chance, nach den Grundmustern für Vertrauen zu suchen. Einige Gespräche später, die ich mit Psychologen, Soziologen und »ganz normalen Leuten« führte, war mir klar, dass wir nur ganz wenig brauchen, um Vertrauen aufzubauen:

**Mehr desselben**

**Mehr des anderen**

**Zwei Checkfragen für Vertrauen**

74

Menschen brauchen

1. Nähe,
2. dass man ihnen in die Augen schaut, wenn sie reden,
3. dass man ihnen zuhört.

Sie sehen, dass bisher »reden« nicht vorgekommen ist.
Politiker und Führungskräfte reden zu viel. Menschen vertrau-
en uns immer dann, wenn wir ihnen Aufmerksamkeit schenken, wenn wir ihnen zeigen, dass sie uns mit ihren Sorgen und
Ängsten willkommen sind. Dazu brauchen wir nicht zu reden.
»Man weiß überhaupt nicht, dass es mich gibt«, sagte mir mit
Monotonie in der Stimme ein Mitarbeiter in einem Vieraugen-
gespräch. »Mein Vorgesetzter ist seit einem halben Jahr nicht
aus seinem Büro gegangen«, fügte er hinzu.
In einem anderen Betrieb sagte man mir, dass der Vorgänger
des Chefs jeden Tag einmal durch den Betrieb gegangen ist, der
jetzige in den ersten Monaten sich nicht hat sehen lassen. Als
ich entgegnete, dass ich ihn aber heute schon gesehen habe,
meinte man, dass das natürlich schon passiert, aber dass er nie
zu einem herkommt, dass er keinen Kontakt sucht.
Oder ein Fall aus der Politik: Als ich während des Jahrhundert-
hochwassers ein Vertrauensseminar hielt, fragte mich ein Politiker allen Ernstes, ob er nun zu den überfluteten Bauernhöfen
fahren solle. Ich war perplex und wusste zuerst mit der Frage
nichts anzufangen. Nach der »Schockphase« deklarierte ich
mich: »Was denn sonst?! Wieso stellt sich Ihnen überhaupt diese Frage?« Der Politiker brachte uns dann seine Sorge zum Aus-  **Nah und**
druck, dass die Leute auf den Höfen doch nur meinten, dass  **authentisch**
wir auf Stimmenfang seien. – Weit haben wir's gebracht!
Es ist wirklich ganz einfach: Man muss nur zu den Menschen  **Menschen**
gehen – und man darf nur zu ihnen gehen, wenn wir es ernst  **ernst nehmen**
meinen. Die Menschen spüren das.
Und wenn wir dann bei den Menschen sind, müssen wir
ihnen, wenn sie reden, ganz einfach in die Augen schauen. Von
allen sechs körpersprachlichen Ausdrucks- und Wirkungsmit-
teln – Haltung, Gestik, Mimik, Blick, die Art, wie wir sprechen,  **Der Blick,**
und unser Habitus (das, was uns umgibt, unsere Peripherie, wie  **Fenster zur**
unsere Kleidung, unsere Frisur, unser Schmuck, unser Parfum  **Seele**

etc.) – ist der Blick das wichtigste. Unsere Augen sind Fenster zu unserer Seele. Alle anderen Ausdrucksmittel können wir beeinflussen, unsere Pupillen jedoch lassen sich nur mit unserer Einstellung verändern.

Lassen Sie uns kurz prüfen, was im anderen vorgehen mag, der gerade zu uns spricht und dem Sie nicht in die Augen sehen: Er mag empfinden, dass Sie sich nicht für ihn interessieren, dass er Sie langweilt, dass Sie mit Ihren Gedanken bereits woanders sind. Sie kennen den Blick, der durch Sie hindurchgeht, in Österreich heißt das »Ins Narrenkastl schau'n«. Wenn Sie als Zuhörer durch den anderen hindurchsehen, zur Seite blicken oder den Blick senken, wird Ihr Gesprächspartner verunsichert, weil er nicht weiß, ob Sie sich abwenden möchten, ob Sie Person und Inhalt interessieren, ob Sie noch »da sind«. Bei Alice, die sich ins Wunderland verabschiedet, ist das der Gang durch den Spiegel. Die einzige Möglichkeit, sicher zu sein, ob mir jemand zuhört, ob er noch nicht im Wunderland ist, ist der Blick in die Augen.

Der Mund kann lügen, der Körper nie.

Schauen Sie in die Augen, und Sie erzeugen Achtsamkeit.
Denn: Blick gibt Bedeutung zurück.

**Zuhören** Wie geht es Ihnen, wenn ein Mensch mit 220 atü im Kessel auf Sie zukommt? Problembeladen und dieses Problem bei Ihnen abladen möchte? Machen Sie es so wie 40 Prozent der Menschen, dass Sie sofort eine Lösung anbieten? Es ist erwiesen, warum die meisten so reagieren: Sie möchten mit der Lösung auch den Störungsgrund loswerden.

**Verstanden-werden vor Lösung** Menschen mit einem Problem, einer Beschwerde, einer emotionalen Belastung wollen jedoch keine Lösung. Jedenfalls nicht sofort. Was wollen diese armen Tröpfe zuerst? Richtig: dass ihnen jemand zuhört, dass sie jemand versteht, dass ihnen jemand Verständnis entgegenbringt. Danach wollen sie vielleicht auch noch eine Lösung. Nicht selten haben sie diese beim Reden jedoch sogar schon selbst gefunden. Und sind ihnen dankbar und schenken Ihnen im Tausch Vertrauen. Es ist – technisch – ganz einfach. Zugegeben: Psychisch ist es aber

76

nicht immer leicht, der ersten Forderung Platons zu folgen: Stelle deinen Gesprächspartner in den Mittelpunkt deines Interesses. Und das sollen wir auch noch tun, wenn uns jemand mit seiner »Bauchwelt« konfrontiert. Die folgende Skizze zeigt Ihnen das Platon'sche Eisberg-Modell: Das linke Dreieck soll Sie darstellen, das rechte Ihren Partner. Eisberg-Modell wird es genannt, weil wie bei einem Eisberg auch beim Menschen nur 20 Prozent sichtbar sind, 80 Prozent nicht; 20 Prozent sind uns bewusst, all das, was unser Kopf produziert, 80 Prozent hingegen unbewusst.

Wollen wir einen Menschen »abholen«, so müssen wir zuerst seine Haltestelle, seine Koordinaten, kennen. Diese sind seine WEIBS und FANS: seine Werte, Wünsche, Erwartungen, Interessen, Bedürfnisse, Stimmungen und seine Furcht, Ängste, Nöte und seine Sorgen. Wenn es uns gelingt, einmal von uns Abstand zu nehmen und den anderen in den Mittelpunkt zu rücken, also nicht egozentrisch, sondern alterozentrisch zu sein, so wird der andere gerne auch bereit sein, Ihren Gedanken zu folgen: Denn der Verstand ist der Diener dessen, was der Mensch will. Will er nicht, denkt er nicht. Denkt er nicht, folgt er nicht.

**Menschen »abholen«**

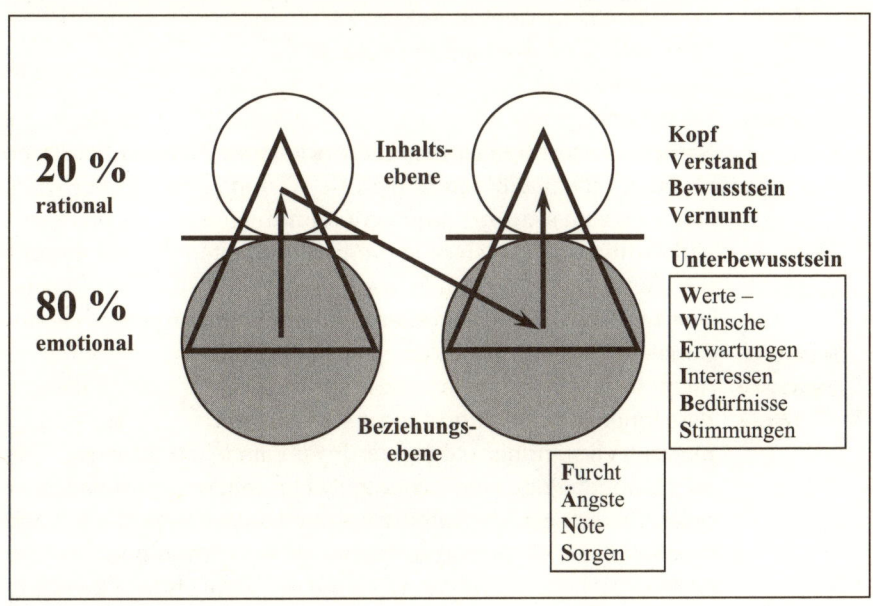

77

Um Ihre Gewohnheiten im Gespräch besser einstufen zu können, ist es sinnvoll, sich zu beobachten, welche Tendenz des Antwortens Ihnen eigen ist. Als Beobachtungssituation nehmen Sie am besten den Fall, wenn jemand mit einem Problem zu Ihnen kommt. (Unter www.wienerpersonaldiagnostik.at können Sie auch in dem computerunterstützten »Konfliktsprache-Test« Ihre Antworttendenz in emotionsgeladenen Situationen abtesten.) Es lassen sich folgende sechs Neigungen erkennen:

**Konflikt-sprache**

**Werten** *Sie neigen zum Werten:*
Sie erkennen es, wenn Sie einen moralischen Standpunkt zum Problem einnehmen und damit ein ablehnendes oder zustimmendes Urteil abgeben. »Das ist schlecht«, »Das ist gut«.

**Interpretieren** *Sie neigen zum Interpretieren:*
In diesem Fall hören Sie nur das, was Sie wollen.
Sie verstärken das, was Ihnen wichtig ist.
Sie suchen rasch nach einer rationalen Deutung.
Sie verzerren somit die Aussage des anderen.
Sie verfremden dessen Gedanken.

**Trösten** *Sie neigen zum Trösten:*
Trost und Mitleid verstärken das Gefühl.
Sie verändern nichts.
Sie belassen im Jetzt.
Nicht dass Trost und Mitleid nicht auch gute Seiten hätten:
Sie helfen die Schleusen öffnen, sie wärmen uns.
Doch können sie auch zur Sucht führen –
und somit zur Vergrößerung der Hilflosigkeit und Abhängigkeit vom Retter.
Der Einstieg ins *Opfer-Retter-Verfolger*-Dramadreieck hat begonnen.

**Nachforschen** *Sie neigen zum Nachforschen:*
Sie versuchen mittels direktiver Fragen mehr zu erfahren. Das ist ja löblich, doch wollen Menschen in Problemsituationen nicht auch noch antworten müssen, wollen nicht auch noch das Gefühl eines Verhörs erleben, wollen nicht die Inquisition nachvollziehen. Sie fühlen sich in eine, nämlich Ihre Richtung

gelenkt, gedrängt. Die Regel »Wer fragt, der führt« ist auch hier gültig, doch wer möchte im Problemfall, bei einer Reklamation, bei einer Beschwerde, im Konflikt geführt werden? Menschen in der Enge fühlen sich durch zu direktes Fragen noch mehr eingeengt.

*Sie neigen zum Lösen:*
Überprüfen Sie, ob Sie dazu neigen, in Ihren Antworten eine schnelle Lösung des Problems zu geben. Fragen Sie sich einmal, warum Sie gerne Lösungen anbieten: weil Sie dem anderen helfen wollen, weil Sie ihn abhängig machen wollen, weil Sie ihn und das Problem schnell loswerden wollen, weil Sie Ihre Ruhe haben wollen? Wenn Sie rasch und schnell dem anderen s e i n Problem lösen, so werden Sie diesen auch in Zukunft wieder »auf Ihrem Schoß« sitzen haben. Sie machen sich zur Klagemauer. Wollen Sie das? Haben Sie das Helfersyndrom?

Lösen

Diese fünf Tendenzen sind dominanter Natur, sie werden »von oben nach unten« gegeben. Im Problemfall will jedoch niemand von oben nach unten behandelt werden.

Dominanz im
Konflikt führt
zur Eskalation

> Im Konflikt ist beinahe niemand in der Lage,
> Dominanz zu ertragen.

Menschen mit Problemen wollen in gleicher »Augenhöhe« angesprochen werden. Sie erwarten Partnerschaft statt Herrschaft. Sie wollen Symmetrie und nicht Schräglage, in der sie sich mit ihrem Problem ja ohnehin schon befinden.
Menschen mit einem Problem wollen zuerst nichts anderes als Verständnis. Das erfahren sie jedoch nicht, wenn wir sie bewerten, ihr Problem verzerren, wenn wir dominant trösten, das Problem sofort lösen.
Natürlich wollen Menschen eine Lösung ihrer Probleme, doch davor wollen sie ihre Emotionen loswerden. Sie wollen reden.

> Führungskräfte führen zu wenig,
> sie hören zu wenig zu und reden zu viel.

Nähe, Blick, Zuhören, die drei vorrangigen Ingredienzien für Vertrauen – doch irgendwann müssen wir auch etwas sagen. Wenn Benedikt auch sagt: Wer viel spricht, entgeht der Sünde nicht.

**Einander verstehen** Versetzen Sie sich bitte in folgende Situation: Sie sitzen am Steuer Ihres Autos. Neben Ihnen sitzt Ihr Lebenspartner. Sie reden friedlich vor sich hin. Sie kommen zu einer Kreuzung, deren Ampel auf Rot steht. Sie reden weiter. Die Ampel wechselt ihre Farbe auf Gelb, auf Grün, und Ihr Partner sagt: Es ist grün. Was hören Sie? Einen Appell: Fahr doch! Oder eine Sachbotschaft: Die Farbe ist grün? Oder eine Selbstdarstellung: Ich hab die Fahrprüfung beim ersten Mal bestanden! Oder einen Kontaktaufbau: Wir sollten das Grün zum Weiterkommen nutzen, um schnell gemütlich den Abend im Wohnzimmer genießen zu können.

**Vier Botschaftsanteile** Platon hat entdeckt und uns in seinen Dialogen vermittelt, dass jede Botschaft aus vier Botschaftsanteilen bestehen kann:

**S** • die Selbstoffenbarung beziehungsweise Selbstdarstellung,
**K** • dem Kontaktanteil,
**I** • dem Informationsanteil,
**A** • dem Appell.

Friedemann Schulz von Thun hat 1981 in seinem Buch »*Miteinander reden – Störungen und Klärungen*« dem Vierphasenmodell Platons zu großer Verbreitung verholfen. Sein einziger Mangel ist, dass der Urheber Platon verschwiegen worden ist. Dieser wird das jedoch überleben.

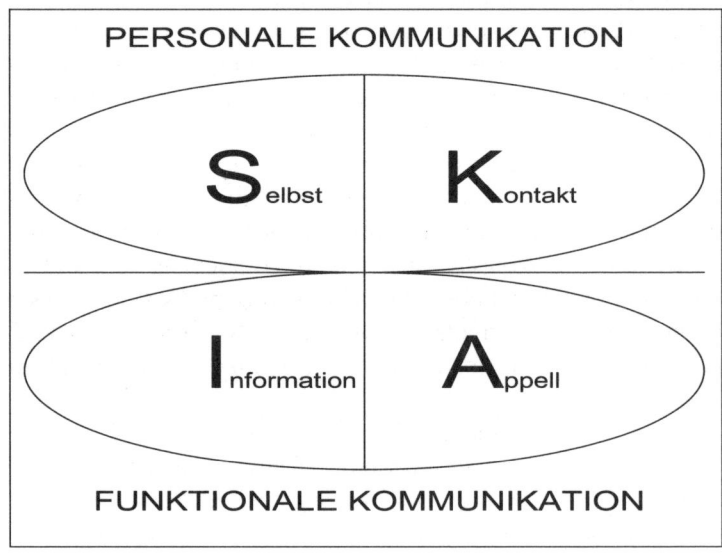

80

Wir Menschen haben das Bedürfnis, von uns selbst zu sprechen: Der S-Anteil: Die Selbstoffenbarung

Unsere Ichbotschaften.

Da dieses Bedürfnis wohl in jedem von uns steckt, kommt es nicht selten zu Kollisionen. Ursache dafür ist die kommunikative »Gesetzmäßigkeit« bei »natürlicher, spontaner« Kommunikation: S löst S aus

Selbstdarstellung löst Selbstdarstellung aus. Wenn Sie von sich sprechen, so wird der durchschnittliche Zuhörer Ihre Sendezeit nur als Vorbereitung für seine eigene Redezeit benutzen.

Denken Sie dabei an die häufigsten Ichbotschaften in unseren Breiten: Wir reden an erster Stelle über unseren Urlaub, an zweiter Stelle über unsere Autos, an dritter Stelle über unsere Krankheiten.

Wenn Sie also Ihr Gespräch damit beginnen, über Ihren Urlaub zu sprechen, und »bescheiden« Ihre Eindrücke über die Malediven zum Besten geben, so brauchen Sie sich nicht zu wundern, wenn Sie mit der Toskana übertrumpft werden. Die Toskana übertrumpft alles (deshalb fahren wir ja dorthin), denn wo haben die Malediven einen David von Michelangelo, wo Museen, wo können sie mit kulinarischen Genüssen mithalten, wo mit ihrem Wein, wo mit ihrer Geschichte, wo mit den Möglichkeiten, zu wandern oder Rad zu fahren? Den Toskana-Selbstdarstellern können Sie nur mit Umbrien kontern: Erstens wissen die meisten gar nicht, wo das ist. Zweitens geben alle klein bei bei der Nennung des Namens »Orvieto Classico«. Und drittens können Sie dann vom Leder ziehen mit den Geschichten über Franz von Assisi und vor allem über Benedikt von Nursia, heute Norcia genannt, um damit überzuleiten zu den »Norcinos«: Das sind die speziellsten aller speziellen Spezialitätenhändler, die ihren Ursprung haben im Geburtsort Benedikts, in dem sie heute noch in der Hauptstraße von einer »Norceria« zur nächsten gehen können, um Wildschweinschinken und Trüffeln zu degustieren.

Die zweite »Gesetzmäßigkeit« im Feld S ist: Wie S zu Aggression führt

Selbstdarstellung in Distanzthemen führt zu Angriff oder Abwehr:

Das vorige Beispiel mag auch diese Regel abdecken, wenn Ihr

Gegenüber seit Jahren – aus Budgetgründen – den Urlaub in seinem Schrebergarten verbringt.

Die dritte »Gesetzmäßigkeit«:

**Themensprünge sind nur Alphas erlaubt** Themensprünge dürfen nur von anerkannten Personen wahrgenommen werden: Wenn man demnach über ein Thema, zum Beispiel über Urlaub oder über Strafmandate redet, und wenn Sie unverhofft auf das Thema Ihrer Beförderung wechseln, so werden Sie erkennen, ob Sie in der »Hackordnung« ganz oben stehen, wenn man Ihrem Themensprung folgt – wenn nicht, so müssen Sie sich entweder damit abfinden oder an Ihrer Strategie arbeiten.

**Zu K: Der Kontakt – Die Wir-Botschaft** Menschen als soziale Wesen müssen überprüfen, ob ihre Bewertung einer Situation oder eines Objekts von anderen mitgetragen wird, ob die Wellenlänge mit anderen übereinstimmt. Das Bedürfnis nach Harmonie lässt uns durch Fragen (»*Wie findest du das?*« – »*Findest du das auch so schön?*«) oder fragenden Blickkontakt die Geschmacksübereinstimmung prüfen. Sympathiefelder werden über diese Kommunikationsfunktion angebahnt, aufgebaut und verstärkt.

**Zu I: Der Informationskern – die Sachbotschaft** Zahlen, Daten, Fakten prägen diesen sachlichen Kommunikationsaspekt. Der Sachkern einer Botschaft ist hier zu suchen. Mitunter kann er auch entdeckt werden.

**Zu A: Der Appell** Offen, verdeckt oder auch versteckt werden mittels Aufforderung, Bitte oder Befehl Ansprüche erhoben.

Sinn dieser Kommunikationsanalyse nach Platon ist, eigene wie auch fremde Botschaften in ihren dominanten wie auch verborgenen Anteilen zu decodieren. Man ist nach ersten Überprüfungen seiner eigenen Sätze nicht selten überrascht, was man vorrangig und meist unbewusst zum Ausdruck bringen wollte oder eher musste.

**Die Qualität von Beziehungen über Sprache messen** Dieses Modell nach Platon benutzen wir nun, um die Qualität von Beziehungen zu »messen«.

Diese vier Anteile können in zwei Cluster gruppiert werden:

Die S- und K-Botschaften sind die Anteile, in denen wir über uns als Person, über uns als Personen oder über unsere Beziehung reden wollen.
Über die I- und A-Botschaften wollen wir unsere Arbeit erledigen.
Eine Reduktion unserer Kommunikation auf I und A weist auf eine Beziehungsstörung hin.

So geeignet das SKIA-Modell auch ist, Botschaftsanteile zu decodieren und Beziehungsqualitäten festzustellen, so ist es dennoch aufgrund seiner vier »Variablen« komplex, zumal vier Sendeanteilen vier Empfangsanteile gegenüberstehen.
Ein Modell, das sich auf die zwei Ebenen »personal und funktional« beschränkt, ist das G/F-Modell, das in folgender Skizze dargestellt ist.
Zum Beispiel: Wenn Sie jemand fragt: »Wohin geht's heuer in den Urlaub?«, und Sie antworten: »Nach Italien«, wird Ihr Gesprächspartner nicht die herzliche Wärme aus Ihnen strömen spüren, die er sich bei dieser Frage vielleicht erwartet. Denn was möchte ein Mensch erfahren, wenn er diese Frage nach dem Urlaub stellt? Fragt er nach dem an den Inhalt gebundenen Sachkern »G«, der in der Angabe des Ortes beantwortet wird? Oder vermuten wir nicht doch eher den Versuch eines Beziehungsaufbaus? Wenn Sie ihm dabei helfen wollen, so kommen Sie ihm doch einfach entgegen, indem Sie freie »F«-Anteile von sich geben, also frei außerhalb des Sachkerns Persönliches nachschießen: »Nach Italien, weil ich liebe die weiten und tiefen Strände mit den so schön geordneten und rechtwinklig ausgerichteten Liegen und nummerierten Schirmen, italienische Pasta und Wein, die Musik und ›la macchina‹ – und vor allem die tiefschwarzen Augen …« Nun weiß der Partner, woran er ist. Sie haben sich geöffnet, die vielfach gewünschte offene Kommunikation kann beginnen, nachdem Sie mit ihr begonnen haben. In einem der von Ihnen angebotenen Themenfelder wird Ihr Gesprächspartner sich wohl auch zu Hause finden und daran anschließen können.
Offene, anschlussfähige Kommunikation ist leicht zu gestalten, selbst wenn man gerade nicht *will*. Man *muss* nur freie Anteile von sich geben.

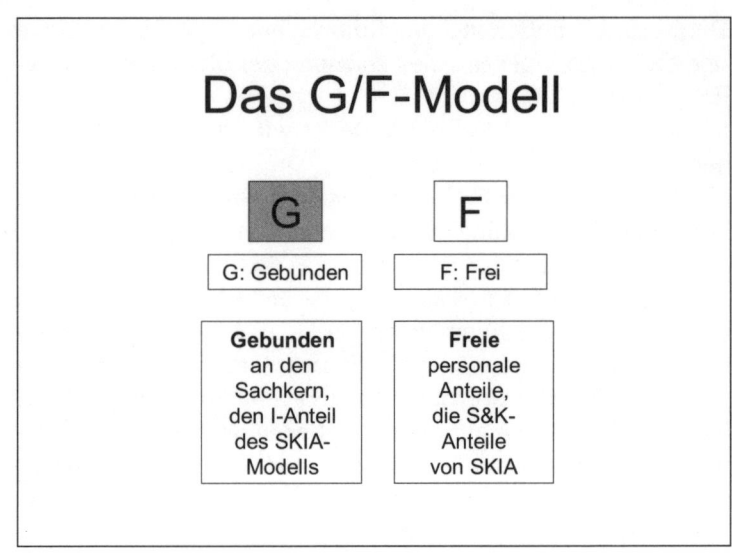

# Das G/F-Modell

| G | F |
|---|---|
| G: Gebunden | F: Frei |

| **Gebunden** an den Sachkern, den I-Anteil des SKIA-Modells | **Freie** personale Anteile, die S&K-Anteile von SKIA |
|---|---|

Ein zweites Beispiel: Wenn ein siebenjähriger Schüler, wir wollen ihn Franzi nennen, von der Schule nach Hause kommt und seine Mutter ihn fragt: »Na, wie war's in der Schule?«, dann kann schon sein, dass er *frei* von sich gibt: »Toll, wir haben den Hansi verhauen!« Wenn Mutter sodann zum »G« zurückkehrt: »Ich wollte eigentlich wissen, was ihr gelernt habt«, so ist das zwar legitim, jedoch hat sie sich einer Chance beraubt, etwas über die »echte« Motivation ihres Sohnes zu erfahren. G auf F schließt das Tor. Wenn Mutter am nächsten Tag wieder dieselbe Frage stellt und ihr Sohn wieder das Tor F öffnet: »Heute war's noch viel besser als gestern! Der Lehrerin war schlecht!«, und sie erneut auf den Sachkern ihrer Frage zurückkommt und wissen möchte, wie der Test war, so erfühlt der Sohn eventuell schon, dass es seiner Mutter wohl vorrangig darauf ankommt,

**Funktional führt zu funktional** ob er *funktioniert*, wie es ihm in seiner Funktion Schüler ergeht und nicht ihm als Mensch. Ist Franzi ein starker Mensch, so wird er dieses »Spiel« G-F-G vielleicht 50-mal aushalten. Beim einundfünfzigsten »Wie war's heute in der Schule?« wird er funktional retournieren: »Ganz gut. Was gibt's heute zu essen?« Er beschränkt die Kommunikation auch seinerseits auf die Sache, G folgt auf G. Er reduziert seine Mutter auf das, was diese in dieser Situation ist: eine Köchin. Er reduziert sie als Revanche auf seine Reduktion auf die funktionale Rolle Schüler. Mit sieben Jahren kündigt er innerlich, er resigniert, mit 18 »kündigt er den Mietvertrag«. Wenn die Eltern sich zehn Jahre später noch wundern, dass er sich so selten rührt, dann dürften sie noch immer nicht verstanden haben, dass sie den Keim dafür in der Kälte ihrer Funktionalität suchen sollten.

Ein drittes Beispiel: Als ich in einem Workshop anlässlich einer Fusion zweier Banken diese Beispiele brachte, meinte einer der Teilnehmer: »Also wenn Sie mir nun auch noch sagen können, wo ich die eine Stunde pro Tag und Mitarbeiter herbekomme, um mit jedem Einzelnen personal zu sprechen, dann wäre ich froh und werde das auch gerne praktizieren.«

Er verlagerte sichtbar die Ebene von der Qualität zur Quantität. Ich stieg auf den von ihm gebrachten Aspekt ein: »Erlauben Sie mir einmal, mit Ihnen durchzudenken, wie viel Zeit personale Kommunikation mitunter benötigt: Wenn ein Mitarbeiter auf Urlaub geht, so können Sie sich darüber beklagen und ihm danach dennoch alles Gute wünschen. Oder Sie können ihn interessiert fragen, wohin es denn gehen wird. Wenn er mit seinem gebundenen »G«-Anteil antwortet: »Griechenland«, so können Sie versuchen, ihn doch zum »F«-Anteil zu bringen: »Griechenland – wo da? Festland oder Inseln?« – Er antwortet (mit »G«): »Inseln.« – Sie wollen es nun wissen (nicht nur, wohin er fährt, sondern ob es gelingt, ihn zu öffnen): »Inseln, ah, spannend, da war ich auch schon. Welche denn, Kos oder Rhodos?« – Er: »Keine von beiden, sondern Mykonos … (und wenn Sie Glück haben) … ich hab etwas *Sorge* (na endlich, er öffnet sich – Sorgen sind zwar nichts besonders Erfreuliches, jedoch in diesem Fall für Sie schon, denn Sie können Ihr Einfühlungsvermögen unter Beweis stellen), das ist so ein Last-Minute-Angebot, und ich frage mich, ob das Hotel sauber sein wird, wie das Essen sein wird … wie weit es zum Strand ist …« Zwei Wochen später kommt er ins Büro zurück. »Üblicherweise« werden Mitarbeiter wie folgt empfangen: »Toll, die Farbe, die Sie haben! Ach übrigens, da wären einige dringende Sachen …«.

Stattdessen könnte die Heimkehr auch so ablaufen:

85

(Stoppen Sie nun gerne die »Sendezeit« mit) »Wie schön braun Sie sind! Was mich nun schon brennend interessiert: Wie war das Hotel? War Ihre Sorge hoffentlich nicht berechtigt – war das Essen okay, die Zimmer sauber? Und wie weit war's zum Strand?« Fünf Sekunden und Ihr Mitarbeiter weiß, dass Sie sich seine Sorgen gemerkt haben. Apropos »eine Stunde pro Tag pro Mitarbeiter« personale Kommunikation.

**Qualität vor Quantität** Zwischenmenschliche Kommunikation ist nur in zweiter Linie eine Frage der Zeit. In erster Linie ist sie eine Frage der Qualität. Zugegeben: Das Maximum wäre »viel Zeit u n d viel Qualität«.

Im Entscheidungsfall oder -notstand sticht jedoch immer Qualität vor Quantität.

**Anschluss-fähig kommu-nizieren** Und zum Abschluss das Wichtigste: Anschlussfähig kommunizieren, was nichts anderes bedeutet, als noch einmal zu dem Thema zurückkehren, über das der andere gesprochen hat. Dies ist die einzige Möglichkeit, dem Partner zu beweisen, dass ich bisher zugehört habe und dass es mich interessiert: »Sie haben mir aber noch nicht gesagt, wie das Essen so war?«

**Grund-muster 12** *Grundmuster 12, auf das wir uns verlassen können: Wir erzeugen Vertrauen, wenn wir zu den Menschen ein ausgewogenes Verhältnis von Nähe und Distanz pflegen, ihnen in die Augen sehen, ihnen geduldig und genau zuhören und wenn wir ihnen zeigen, dass das, was sie uns sagen, für uns wichtig ist.*

# Rufmord ist Selbstmord – gegen kommunikative Phantome

**Was macht Spaß?** Was macht Ihnen mehr Spaß? Mit Menschen reden oder über Menschen? Oder mit Menschen über Menschen? Und zwar über solche, die nicht anwesend sind. Und so, dass wir sie bewerten? Wenn all das zutrifft, dann sind Sie in bester Gesellschaft. Das häufigste Gesprächsthema sind Menschen, die nicht im Raum sind. Und wenn wir dann wertend über diese reden, unterliegen wir dem Zwang, mit anderen das Bild des Abwesenden durch das Gespräch zu bestätigen. Und wenn unser Gesprächspartner dieses Bild teilt, uns also Recht gibt, so finden wir ihn nicht nur sehr sympathisch, sondern wahrscheinlich auch noch höchst intelligent.

Wo brauchen wir mehr Verantwortung, wenn wir über Menschen reden oder wenn wir mit Menschen reden? Wohl dann, wenn wir über Abwesende reden. Begründung: weil die sich nicht wehren können – und meist von diesem Gespräch niemals hören. Abhängig von der Zeitspanne, die jemand von uns weg ist, und von der Entfernung wird dieses Bild durch die bestätigenden Gespräche nicht nur verstärkt, sondern immer größer. Wobei die Zeitachse wichtiger ist als die Entfernung: Mitunter sitzt das Opfer im Großraumbüro direkt neben den Tätern, die »kurz mal auf einen Kaffee gehen«, um bereits am Korridor vor dem Büro über es loszuziehen. **Was braucht Verant- wortung?**

Ein kommunikatives Phantombild entsteht, wird verstärkt, vergrößert, einzementiert. **Ein Phantom entsteht**

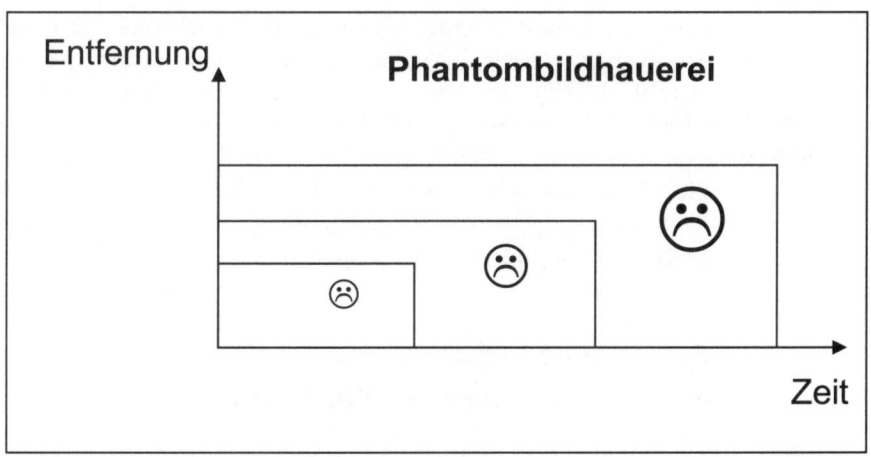

Man kann nahezu Beliebiges aus einem Menschen machen, wenn man in seiner Abwesenheit wertend mit anderen über ihn spricht. Das führt dazu, dass die Beteiligten später kaum mehr mit diesem Menschen sprechen, sondern über ihn, wenn sie zu ihm reden. **Über statt mit Menschen reden**

Ist ein Problem (Sache oder Person) physisch nicht anwesend, dann entfernt sich die Kommunikation in ihrem Verlauf immer **Realitäts- abgelöst** weiter vom realen Problem und schafft sich ein Phantom, das an die Stelle der Realität tritt und zum Thema der Kommunikation wird.

**Zwang zur Bestätigung** Menschen unterliegen dem psychosozialen Zwang, ihre Bilder mit anderen interaktionell zu bestätigen.

An dieser Stelle werde ich in Seminaren immer wieder unterbrochen und gefragt: Das ist doch Mobbing? Ja, eine der vielfältigen Formen.

**Mobbing konkret**

Ein Phantombild hat die Qualität einer Klebeetikette, einer Punze, eines Brandmals. Teilweise werden wir dabei erinnert an die menschenverachtende Methode des Kennzeichnens, des Brandmarkens von KZ-Insassen als »Poltische«, als Juden, als »Zigeuner«.

**Judensterne in unserem Alltag**

In unserem Alltag führen diese Klebeetiketten jedoch dazu, dass diese ebenso in den Gehirnen der Phantombildhauer kleben – und wohl meist nur dort. Wenn einer nach einiger Zeit wieder zu einem Meeting kommt und sich plötzlich ganz anders verhält, als das in Erinnerung ist, so werden die meisten nicht ihr Bild ändern. Eher wendet man sich an seinen Nachbarn und raunt ihm zu: »Wie typisch für den – wie der sich wieder verstellt!«

Als ich bei einem Kunden, mit dem ich bereits ins achte Jahr der Kulturarbeit gehe, zu einem Konfliktcoaching gerufen wurde, ging ich morgens vor der Arbeit zu jenem kleinen fensterlosen Kaffeezimmer. Als ich es betrat, verstummte die Gruppe darin schlagartig. Es gab folgende Möglichkeiten für dieses Verhalten: Sie hatten Angst vor mir, was ich nicht annahm; sie sprachen über mich, was möglich war; sie sprachen über einen Dritten, nicht anwesenden, was wahrscheinlich war. Eine Stunde später fanden wir uns alle im Seminarraum wieder. Ich begann meine »Aufmoderation« wie folgt: Sie haben mich gerufen, um mit Ihnen über gruppeninterne Konflikte zu arbeiten. Einen der Gründe weiß ich schon. Als ich heute morgen ins Kaffeezimmer ... Ein junger Mitarbeiter entzog mir das Wort: Ja, wir wissen, dass wir in Abwesenheit nicht über andere reden sollen! Aber das ist verdammt schwer. Irgendwann müssen wir doch über andere, die uns stören, reden. Sonst platzen wir ja.

88

Ich billigte zu, dass es notwendig ist, seinen Unmut loszuwer- Psychisch
den. Und dass es psychisch nicht leicht sei, nicht über andere schwer,
zu reden, dass es jedoch technisch ganz einfach ist: Immer be- technisch
vor sie zu reden beginnen wollen, brauchen sie sich nur kurz einfach
zu besinnen – und den Mund ganz einfach wieder schließen.
Und überlegen, wie sie mit den anderen über das Opfer reden
wollen.
Wir einigten uns auf folgende Regeln:

---

### Gegen Phantombildhauerei

1. Über Abwesende wollen wir nur so reden, wie wenn sie anwesend wären.
2. Will jemand über einen anderen reden, so holen wir ihn, wenn möglich, sofort dazu.
3. Will jemand dennoch allein mit einem anderen reden, so vereinbaren wir, dass jeder von uns schnellstmöglich den Betroffenen von unserem Gespräch und den Inhalten in Kenntnis setzt.
4. Will einer aus vorerst nicht bekannten Gründen der Regel 3 nicht entsprechen, so vereinbaren wir, dass wir bereit sind zuzuhören, dass wir jedoch über den Abwesenden nichts sagen werden.
5. Wir vereinbaren jedoch, dass wir unserem Gesprächspartner danach über ihn selbst etwas sagen werden, denn er ist der Einzige, von dem wir unmittelbar etwas wahrnehmen.

---

*Grundmuster 13, auf das wir uns verlassen können: Wir sind* Grund-
*menschlich, wenn wir vermeiden, Phantombilder zu schaffen.* muster 13

## Gegen menschliche Wachstumsblockaden – das Andorra-Phänomen

Max Frisch verdanken wir das Schauspiel »Andorra«, dessen Inhalt in der Psychologie zum Terminus technicus »Andorra-Phänomen« geführt hat.

In Andorra lebte einmal ein kleiner Junge, der sich so verhielt wie ein Jude; und die Menschen behandelten ihn demnach wie einen Juden. Mir ist bis heute nicht klar, wie ein Jude sich verhält. Die Menschen in Andorra jedoch wussten das.

**Wir wussten es ja immer schon** Und so nahm dieser Junge allmählich die Eigenschaften eines Juden an, und die Menschen freuten sich und waren zufrieden, weil sie es ja immer schon wussten.

Eine Selffulfilling Prophecy hat ihren Siegeszug erfolgreich beendet: Man riss der Fliege einen Flügel aus. Man riss ihr den zweiten aus. Man befahl ihr: Flieg! Und siehe da, sie konnte es nicht, was man vorher doch schon prophezeite.

**Grundmuster 14** *Grundmuster 14, auf das wir uns verlassen können: Menschen bleiben klein, wenn wir sie klein sehen.*

Es gäbe andererseits ein anderes Modell: Schauen wir einmal, wie ein Bildhauer der Menschlichkeit positive Phantome produziert.

## Bildhauer der Menschlichkeit – der Pygmalion-Effekt

Pygmalion war ein Bildhauer im antiken Griechenland, der eine Statue einer Frau schuf, die dermaßen schön war, dass er sich Hals über Kopf in sie verliebte – und sie durch seine Liebe zum Leben erwachte.

Pygmalions Verhalten lehrt uns:

> Menschen können leichter werden, wie sie sein können,
> wenn wir sie so behandeln, wie sie sein sollen.

Es ist zudem eine Charakterfrage, die zwischen Andorra und Pygmalion stattfindet:

Eine
Charakterfrage

> Mag ich jemanden nicht, weil er nichts taugt, oder
> taugt er nichts, weil ich ihn nicht mag?

Vorsichtshalber sollte man bei der Führung von Menschen von der zweiten Möglichkeit ausgehen.
Es lohnt sich, Menschen auch einmal zu jagen, um sie bei Lobenswertem zu ertappen.
Rotstifte statt grüne. Bei Benedikt lesen wir:

Jagen sie
Menschen!!!

> »Meide das Böse und tue das Gute,
> suche den Frieden und
> jage ihm nach.«

Das ließe sich doch auch einmal in unseren Firmenalltag einbauen, um nicht nur den Frieden, sondern auch das Gute zu suchen und zu jagen.
Wenn ich in Firmenseminaren die Frage stelle, was denn häufiger sei, Lob oder Tadel, so ist die Antwort gegen 100 Prozent tendierend: Tadel. Wenn ich zuvor zu Beginn des Seminars erarbeiten lasse, was in der Kommunikation leicht und was schwer falle, so höre ich meist: Leicht fällt uns, Gutes Menschen zu sagen; schwer hingegen Negatives. Warum tadeln Menschen dann eher, als zu loben?

> Die wahrscheinlichste Erklärung ist, dass wir seit
> der Schule darauf getrimmt werden, Fehler zu beseitigen.
> In unseren Schularbeiten wird der »Rotstift« angesetzt und
> nie der »Grünstift für Richtiges«.

Rotstifte statt
grüne

*Grundmuster 15, auf das Sie sich verlassen können: Menschen werden groß, wenn wir sie groß sehen.*

Grund-
muster 15

## Neue Wege wagen –
## Klimafaktoren für Kreativität und Innovation

»Mist gebaut« · Irrtum oder Fehler — War die Ursache für den »Mist«, den ich gebaut habe, ein Irrtum oder ein Fehler (Vorsatz kann ich ausschließen)? Diese Prüfung ist mir bei Abweichungen, eigenen wie fremden, wichtig. Der Unterschied?

> Irrtümern erliegt man, ohne zu wissen,
> Fehler begeht man trotz Wissen.

Fehler-Führungsparadoxon — Wenn nun jemand einen anderen, der einem Irrtum erlegen ist, so behandelt, wie wenn dieser einen Fehler begangen hätte, wer hat da den Fehler begangen? Wohl nur der, der dem anderen einen Fehler vorwirft. Er braucht sich dann auch nicht zu wundern, wenn der Beschuldigte zu Recht sauer ist. Führungskräfte, die diesem Unterschied nicht ausreichend Beachtung schenken, produzieren Demotivation, also etwas, wofür sie nicht eingestellt worden sind.

Wer wagt sich dann noch auf neue Wege, auf denen wir notgedrungen Irrtümern erliegen?

Doch wie können überhaupt auf altbekannten Wegen Abweichungen passieren? Jahrelang die gleichen Schritte auf den gleichen Wegen mit den gleichen Methoden – warum macht Ursachen für Fehler — einer plötzlich etwas anderes, als bisher? Schauen wir uns einmal an, was die Ursachen für Fehler sind: Menschen

- haben persönliche Probleme,
- sie sind unkonzentriert,
- sie sind überfordert,
- sie sind ausgebrannt,
- sie sind unterfordert,
- sie werden schlampig aufgrund von Routine.
- Sie üben R&V – Rache und Vergeltung –, um dem Kollegen oder dem Chef, der sie ihrer Meinung nach schlecht und ungerecht behandelt hat, eines auszuwischen.
- Sie »schreien« nach Aufmerksamkeit: »Sie wissen ja gar nicht einmal, dass es mich gibt«, dieser reale Satz kann ein Vorbote sein für einen Fehler, um auf sich aufmerksam zu

92

machen. Kleine Kinder machen mutwillig etwas kaputt, um diese Ohrfeige zu »erbetteln«, wodurch sie gleich zweierlei erreichen: Sie werden wahrgenommen und sie erlangen im Abtausch für die Ohrfeige Macht über die Erwachsenen, die außer sich gerieten, also »die eigene Mitte verlassen mussten«.

Was kann Nichtbeachten beim Menschen bewirken? Von einem deutschen König wird uns jenes »Experiment« überliefert, in dem er Waisenkinder, die noch nicht sprechen konnten, in sein Schloss holen ließ, sie mit allem versorgte – Nahrung, Kleidung, Wärme. Diejenigen, die mit ihnen Kontakt hatten, durften jedoch nicht mit ihnen sprechen, weil das Experiment zum Ziel hatte, die »Ursprache« herauszufinden, also jene Sprache, die zwischen Menschen ohne äußere Quelle entsteht.
Es ist schief gegangen, weil alle Kinder gestorben sind. Wir verdanken ihnen die Erkenntnis, dass Menschen aufgrund mangelnder Zuwendung tatsächlich sterben können. Vor dem physischen Tod gibt es noch andere Formen des Todes: psychischer, sozialer, mentaler Tod.

Wollen wir die Punkte der Fehlerursachen »abklopfen« auf die (Mit-)Verantwortung der Führungskraft, so sehen wir, dass sie in allen Punkten mitverantwortlich ist: Persönliche Probleme sind meist zumindest körpersprachlich zu erkennen, die Ursachen für Unkonzentriertheit müssen besprochen werden. Überforderung, Burnout und Unterforderung sind ureigenste Führungsthemen, ebenso wie schlampige Arbeit, Rache und Vergeltung und auch der »Schrei nach Aufmerksamkeit und Anerkennung«. Nirgends wird uns die Bedeutung von Führen deutlicher vor Augen geführt wie bei den sichtbaren Zeichen für Fehler, dem Abweichen vom Soll. **Wofür muss Führung geradestehen**
Wie überhaupt ein jeder, ob Führungskraft oder Kollege oder der Fehlerproduzent selbst, sich die Frage stellen sollte: Was habe ich beigetragen zum Fehler?

Wie können wir nun mit einem Fehler umgehen? Wie können wir es schaffen, dass wir es wagen, neue Wege zu gehen? Wege, auf denen wir straucheln werden, stolpern, stürzen. Wir sollen angstfrei über unsere Fehler reden dürfen. **Angstfrei reden**

Deshalb vereinbaren wir erstens als Generalregel:
*Fehler sind Orientierungshilfen.*
Zweitens: *Wir wollen Fehler von Schuld entkoppeln.*

**Keine Schuld**

**Warum statt wer** Es geht also nicht darum, den Schuldigen zu suchen, also »wer« was verbockt hat, sondern ganz einfach darum, das »Warum«, die Ursache, den sachlichen Auslöser, zu finden.

»Wir haben gar keine Zeit, den Schuldigen zu suchen«,

war in einem Seminar die ultimative Aussage eines Geschäftsführers, die er an seine Mitarbeiter richtete.

**»Strafe muss sein«** Als ich diese Forderungen in einem Leitbild-Workshop nannte, reagierte der Rechtsvorstand mit kräftigem Widerstand: Diese Ansichten dürfen bei unseren Mitarbeitern nicht verbreitet werden, weil bei einem Vergehen, ob bewusst oder unbewusst, muss es Strafe geben. Es dauerte einige Zeit, bis ich über die Frage, was ein Mitarbeiter, der unbewusst und nicht wissend einem Irrtum erlegen ist oder der unbewusst und an sich wissend einen Fehler begangen hat und dafür bestraft wird, in Zukunft tun wird, wenn er Mist baut. Die Gruppe löste für mich

**Aufrichtigkeit vernichtet, Effizienz reduziert** die Aufgabe: Er wird ihn vertuschen oder ihn einem anderen in die Schuhe schieben. Die Folge: Aufrichtigkeit wird – »Wir wollen offen und ehrlich miteinander umgehen« (der Standardsatz in jedem Leitbild-Workshop) – strukturell vernichtet, Mut verschüttet, Effizienz reduziert.

Wir einigten uns mit dem Mann des Rechts, dass in der Welt des Allgemeinen Bürgerlichen Gesetzbuchs Strafe selbst bei Unwissenheit weiter gepflogen werden muss (»Unwissenheit schützt vor Strafe nicht«), bis uns etwas Besseres einfällt oder die Menschheit sich weiterentwickelt haben wird. In Unterneh-

**Lust auf Innovation** men jedoch können wir bereits auf einer höher entwickelten Stufe arbeiten, um die Lust auf Innovation zu fördern.

Als dritte Regel wollen wir vereinbaren:
*Wir suchen, wie wir glatt kriegen, was krumm ist.*

Geht es nicht mehr, die Sache zu glätten, so fügen wir als vierte Regel hinzu:

*Wir lernen für die Zukunft.*

Manche reagieren noch mit Zorn, Wut, Hass. Es mag psychisch entlastend wirken, ist jedoch hochgradig unprofessionell, weil die daraus resultierende Angst Menschen nur kurzfristig antreibt. Bei dem größten globalen Mischkonzern durfte ich 1999 bei der deutschen Tochter mit Führungskräften arbeiten, und weil einer der obersten Firmenwerte *Innovation* lautete und noch immer lautet, suchten wir nach der Verhaltensregel, die Mut fördert.

**Mut fördern**
**Der Fehler des**
**Monats**

Die Lösung: Wir prämierten den »Fehler des Monats« für die, die es wagten, neue Wege zu gehen, runter von den Highways der Bequemlichkeit, weg von den Trampelpfaden des Immergleichen und des Mehr-desselben. Die Prämierung findet statt, nachdem die Misserfolge beim Begehen der neuen Wege beschrieben worden sind, um die Kollegen auf die Gefahren aufmerksam zu machen. Die Prämie ist selbstverständlich nicht monetärer Natur und richtet sich natürlich auch nicht nach der Höhe des verursachten Schadens, um die Antworten auf die zwei dümmsten in diesem Zusammenhang gestellten Fragen zu geben.

Eine liebenswürdige Steigerung dieses angstfreien Umgangs mit Fehlern ist mir unlängst von einer Mitarbeiterin von E-Bay gesagt worden: Sie prämieren den »Tollpatsch des Monats«. Lachen nimmt immer Angst.

**Der Tollpatsch**
**des Monats**

Es ist äußerst einfach: Wir schaffen ganz einfach ein Klima der Angstfreiheit, und Menschen werden kreativ und innovativ.

Zusammenfassend:

---

**Regeln für den effizienten Umfang
mit Fehlern und Irrtümern**

1. Fehler und Irrtümer sind Orientierungshilfen.
2. Sie sind von Schuld zu entkoppeln:
   Wir suchen nicht danach, wer, sondern was den Fehler ausgelöst hat.
3. Wir haben gar keine Zeit, den Schuldigen zu suchen!
4. Wir schauen, ob wir noch glatt kriegen können, was krumm ist.
5. Wenn nichts mehr geht:
   Wir lernen daraus für die Zukunft.

---

*Grundmuster 16, auf das wir uns verlassen können: Wir wecken
kreative Energien, wenn wir angstfrei miteinander umgehen.*

## Vom Konflikt zur Meinungsverschiedenheit – rasch deeskalieren

Haben Sie jemanden, mit dem Sie im Konflikt stehen? Was sind
**Ärger** die Auswirkungen: Ärgern Sie sich einseitig oder gegenseitig,
**Wut** sind Sie bereits im Zustand der Wut oder gar des Zorns, oder ist
**Zorn** er schon in den Hass emporgestiegen? Was ist die Ursache,
**Hass** was sind die Hintergründe, was ist das Motiv? Liegt Neid vor
**Neid** oder Missgunst oder Eifersucht? Ist Ihr Kontrahent überstarkem
**Missgunst** Ehrgeiz anheim gefallen? Hat er deutliche Anzeichen dafür,
**Ehrgeiz** dass er Ihnen persönlich schaden will? Trägt er seine »destruk-
tiv-aggressiven« Emotionen zur Schau? Zumindest liegt dann
**Latent oder** kein latenter (verborgener) Konflikt vor. Sie prallen bereits offen
**offen** aufeinander, was auch der Übersetzung von Konflikt entspricht:
»confligere« bedeutet aufeinander prallen. Manche meinen be-
**Aufeinander** reits bei einer Meinungsverschiedenheit, dass das ein Konflikt
**prallen** sei. Aus einer sachlichen Meinungsverschiedenheit (Mv) wird
jedoch erst dann ein Konflikt (K), wenn aggressive (a) und destruktive (d) Emotionen hinzukommen:

$$\text{Mv} + \text{Ead} \Rightarrow \text{K}$$

**Emotional** Das einzig Schwierige an einem Konflikt ist, dass die Emotio-
**deeskalieren** nen ins Spiel gekommen sind und dass ein Konflikt nur gelöst
werden kann, wenn einer der beiden Konfliktpartner sich nicht
emotional hineinziehen lässt.
Die Lösung ist wieder einmal einfach, wenn auch nicht
leicht: Einer muss mittels seines Verstandes sich und den anderen von seinen Emotionen so weit befreien, dass man wieder sachlich den Konflikt besprechen kann. Günstigerweise
sind das Sie. So kann es Ihnen vielleicht gelingen festzustellen, ob die Auslöser und die weitere Entwicklung Ihres zwi-

schenmenschlichen Konflikts unter folgenden Möglichkeiten zu suchen sind:

Zwischen-menschliche Konflikt-ursachen

- Hat es ursprünglich mit einem Meinungsdissens begonnen, der emotional aufgeladen wurde?
- Liegen unterschiedliche Werte, Wünsche, Erwartungen, Interessen, Bedürfnisse vor?
- Beurteilen Sie die zukünftigen Entwicklungen verschieden?
- Hat Ihr Gegenüber eine unterschiedliche Vorurteilsstruktur?
- Haben Sie beide unterschiedliche Dogmen, also Glaubenssätze, die nicht bewiesen werden können – von keinem von beiden?
- Sind Sie einander unsympathisch – sind Sie in einem Antipathiefeld?

Diese Fragen können Sie sich auch stellen, wenn der Konflikt sozial ausgebrochen ist, also vom zwischenmenschlichen bereits auf Gruppen, Abteilungen, Firmentöchter übergeschwappt ist oder dort auch seinen Ausgang genommen hat. Es ist sinnvoll und notwendig, die Auslöser festzustellen: Die weiterführenden Fragen haben wir im Kapitel Unternehmenskulturarbeit abgebildet.

Soziale Konflikte

Wenn Sie sich selbst als Ausgangspunkt wahrnehmen, so mag ein Konflikt in Ihnen selbst vorliegen, ein intrapersoneller Konflikt. Hier in die Tiefe zu gehen würde den Rahmen dieses Buches sprengen, doch möchte ich einige Fenster aufmachen:

Intraperso-nelle Konflikte

- Sind es Ängste, die Sie in den Konflikt führen? Verlustängste, Versagensängste, Trennungsängste – Existenzängste?
- Oder sind Sie mit sich noch immer nicht alleine, weil Vater oder Mutter, obschon nicht mehr auf dieser Welt, über ihr Über-Ich noch immer ihre Entscheidungen treffen.
- Werden sie von irgendwelchen Glaubenssätzen religiöser, naturwissenschaftlicher Natur fremdgesteuert? Darunter können auch Glaubenssätze atheistischen Ursprungs fallen, denn auch Atheisten sind stark gläubig: Sie *glauben*, das heißt, sie *wissen* nicht, dass es Gott nicht gibt.
- Oder stecken sie in einer Orientierungskrise?

- Sind Sie überdurchschnittlich ehrgeizig, gepusht von einem überstarken Antrieb? Streben Sie (zu) stark nach Macht, nach Anerkennung, nach Geltung?

Wenn einige Punkte zutreffen, dann wird es Ihnen schwer fallen, aus dem Konfliktfeld Ihr eigenes Leben mehrend hervorzugehen.

**Systemische Konflikte**

Neben den intrapersonellen, den zwischenmenschlichen und den sozialen Konflikten können wir uns auch noch das Leben schwer machen und unsere Energien rauben durch systemische Konflikte beziehungsweise, korrekter ausgedrückt: emotionelle Aufladungen, die durch systemische Ursachen bedingt sind. Ursachen können sein:

- Überbordende Bürokratie
- Moralstarre
- Desorganisation – strukturelle Gründe
- Fehlende oder unklare Strategie
- Mangelhafte Unternehmenskultur

Auch bei diesem Punkt wollen wir uns mit diesen »Fenstern« begnügen und auf das Kapitel Unternehmenskulturarbeit hinweisen.

**Sach- und Personenkonflikte**

Konflikte zwischen Menschen tendieren zur Unlösbarkeit, wenn sachliche Ursachen personifiziert werden oder wenn personelle Ursachen (Beispiel: Antipathie) durch sachliche Vorwände maskiert werden.
Sachliche Differenzen können nur auf sachlicher Ebene ausgetragen werden, persönliche Differenzen nur auf der persönlichen Ebene. »Über-Kreuz-Transaktionen« führen zur Unlösbarkeit.

Das folgende Bild soll nun einige der bisherigen Gedanken zusammenfassen, und wir wollen es wie folgt lesbar machen:
Wir beginnen bei dem Kubus »sachliche Differenz« oder bei dem Kubus »persönliche Differenz«, um den Ausgangspunkt eines Konflikts zu definieren.

98

Von beiden gibt es nun zwei weitere Wegmöglichkeiten: zur konstruktiv-aggressiven Emotion mit Spaß, Freude, Liebe, Humor, die wir auch unter Engagement einordnen können, oder zur destruktiv-aggressiven Emotion mit Ärger, Wut, Zorn, Hass, überstarkem Ehrgeiz, Neid, Missgunst, Eifersucht.

Beim »positiven« konstruktiven Emotionsast führt der Ausgang zur konstruktiven Auseinandersetzung im Dialog, in der Diskussion oder der bewusst eingesetzten Debatte, um kreative Energien freizusetzen.

Beim destruktiven Ast hingegen geraten wir – wenn ungesteuert – in den Konflikt, in den Streit, in die Debatte, mit dem Ziel, dem anderen zu schaden. Die Folge: zuerst Kommunikationsabbruch, danach Beziehungsabbruch.
Was Menschen Menschen doch alles antun!

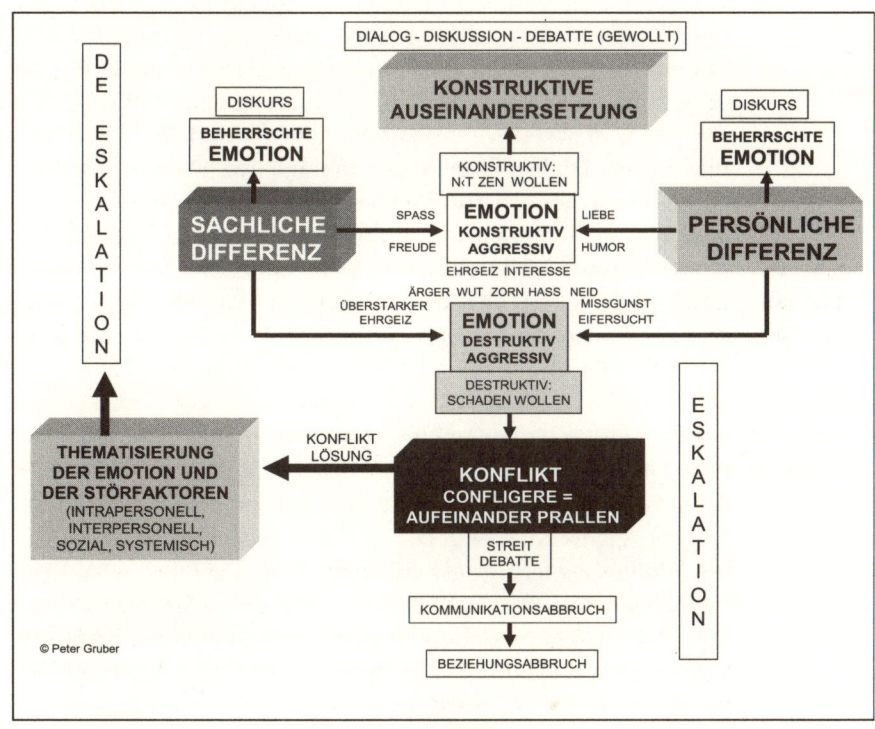

99

**Konfliktlösung**
**Thematisieren**
**Störfaktoren**
**analysieren**

Aus einem Konflikt kommen wir nur raus, wenn wir entweder die Emotion im Gespräch thematisieren, also über unsere Emotionen reden und die Störfaktoren, die Auslöser, gemeinsam eruieren. Emotionen sind »autonom«, sie kommen und gehen, wie sie »wollen«. Sie gehorchen nicht dem Befehl: »Bleib doch bitte sachlich!« Dieser Appell ist eine geeignete Aussage, um auf den Grad der eigenen Erregung hinzuweisen. Und wird vom anderen meist als beleidigend entschlüsselt: »Du bist derzeit nicht im Vollbesitz deiner geistigen Kräfte – im Gegensatz zu mir.«

**Der Diskurs**

Eine zweite Möglichkeit, um aus dem Konflikt rauszukommen: Wir machen einen Sprung (im Bild über die sachliche Differenz hinaus) zum Diskurs, der im Detail in diesem Buch im Kapitel »Alles Wissen aus allen Köpfen rausholen« beschrieben ist. Der rationale Diskurs ist die einzige Form von Kommunikation, die Herrschaft und Gewalt – und somit den Konflikt – strukturell ausschließt. In meinem Vorgängerbuch »Gewinnen können statt siegen müssen« (Verlag Signum, erschienen 2004) finden Sie erschöpfend alle Formen aggressiver Kommunikation dargestellt, wie Diskussion und Debatte mit den Methoden des Angriffs und der Abwehr unfairer Dialektik und auch die Techniken fairer Dialektik sowie die Methode des Diskurses für das gemeinsame herrschaftsfreie Lösen von Problemen.

Mag dies auch theoretisch anmuten, so können meine Kunden eine Erfolgsrate im Bereich von 90 Prozent beim Lösen von Konflikten mittels des Diskurses verbuchen: Verhandlungen zwischen Arbeitgebern und Gewerkschaftern ebenso wie die zwischen verfeindeten Betriebsräten bei einer Bankenfusion etc.

**Feinde oder**
**Gegner**

Mit Rupert Lay wollen wir bei Konflikten weiters unterscheiden zwischen Feind-Aggressivität und Gegner-Aggressivität: »Feindschaft ist sorglichst zu unterscheiden von Gegnerschaft. Gegner-Aggressivität wird getragen von gegenseitiger Akzeptation. Ohne Gegner-Aggressivität sind Kampf-Spiele, ist Wettbewerb, ja kontroverses Streiten kaum möglich.« (Zitat entnommen aus »Wie man sich Feinde schafft«) La concurrence, qui nous faît vivre – der Wettbewerb, der uns lebendig macht, gedeiht in einem Klima der Gegnerschaft. Rupert Lay präzisiert weiter:

»Gegner-Aggressivität belebt jede zwischenmenschliche Beziehung, ist sogar deren notwendige Voraussetzung. Eine lebendige zwischenmenschliche Beziehung oszilliert um Nähe und Distanz. Der Distanz schaffende Faktor ist die Gegner-Aggressivität.

Ganz anders die Feind-Aggressivität.

Sie will nicht Distanz schaffen, sondern klein machen, schaden, mindern. Feind-Aggressivität ist im Regelfall kontraproduktiv, es sei denn, wir setzen sie ein, um das eigene Territorium zu schützen oder um gegen aktiv intolerante Feinde vorzugehen.

Gegner-Aggressivität kann durchaus produktiv sein. Durch sie wird unter anderem in erotischen Beziehungen das Nähe-Distanz-Verhältnis bestimmt.«

Was macht eine Feindbeziehung weiter aus? Feindschaft ist – **Feindschaft** meist aufgrund missbrauchten Vertrauens – mit Misstrauen besetzt. Angst ist die Folge. Der Feindschaft wollen wir (als ihr kontradiktorischer Gegensatz) die Freundschaft gegenüberstel- **Freundschaft** len. Ein Freund ist ein Mensch, dem man unbedingt und angstfrei vertrauen kann. Ein Gefühl von Geborgenheit wird die Folge sein. Bestehen hingegen Zweifel statt Vertrauen, jedoch noch kein Misstrauen, so wollen wir dieser Beziehung den Begriff Gegnerschaft geben. Sie wird nicht mit Angst einhergehen, **Gegnerschaft** jedoch auch keine Geborgenheit entstehen lassen. Um die Distanz in der Gegnerbeziehung zu verringern und Nähe zuzulassen, gilt es die Felder der Skepsis, der Meinungsdifferenzen, in gegenseitiger Akzeptation zu reduzieren oder gar auszuräumen.

Konflikte bedürfen der rationalen Steuerung eines der Partner. Die Befolgung bewährter Regeln der Konfliktarbeit erleichtert uns, nicht in den Konflikt hineingesogen zu werden.

---
**Kommunikationsregeln im Konflikt**

- Im Konflikt ist jeder Beteiligte auch eine Ursache.
- Beziehungsaspekte vor der Sache besprechen.
- Nur Unausgesprochenes hat Energie.
  Früh gesprochen ist früh geklärt.
- Einseitige Metakommunikation führt zur Eskalation.
- Da die interessierte Quelle lügt, einen »guten Dritten« beiziehen.
- Beschreiben statt bewerten.
- Zuhören und verstehen; verstehen heißt nicht einverstanden sein.
- Konfliktverlauf erkennen statt Schuld zuweisen.
---

Um 100 nach Christus hat uns der Stoiker Epiktet eine der wunderbarsten Regeln erstellt, auf die ich in Grenzsituationen gerne zurückgreife und die Teresa von Avila (1518 bis 1582) in ein Gebet gekleidet hat:

**Weisheit**  Herr, gib mir die *Weisheit* zu unterscheiden,

was zu ändern ist
von dem, was nicht zu ändern ist;
**Kraft**  gib mir die *Kraft* zu ändern,
was zu ändern ist,
**Gelassenheit**  und gib mir die *Gelassenheit* zu ertragen,
was nicht zu ändern ist.

**Konflikt-lösungsschema**  Aus dem Gebet der Teresa von Avila hat der Philosoph, Jesuitenpater und Psychoanalytiker Rupert Lay folgendes Schema zur Lösung von Konflikten entwickelt:

1. Unterscheide zwischen
   a. lösbaren und unlösbaren und
   b. notwendigen und überflüssigen Konflikten.
2. Vermeide die überflüssigen Konflikte zu provozieren.
3. Löse die notwendigen und lösbaren Konflikte mit einem Minimum an Aufwand – emotionalem, sozialem, psychischem, ökonomischem, zeitlichem Aufwand.
4. Ertrage die unlösbaren mit Geduld und Gelassenheit.

Wenn auch nicht jeder Punkt leicht sein wird, so ist die Einfachheit und Stringenz bestechend: Man kann sich dieser Logik nicht entziehen.

Es gilt zum wiederholten Male: Es ist alles schon gedacht, wir müssen es nur immer wieder neu denken.

*Grundmuster 17, auf das wir uns verlassen können: Wenn es uns gelingt, destruktive Emotionen abzuziehen, können wir aus Konflikten sachliche Meinungsverschiedenheiten machen.* **Grundmuster 17**

## Ziele – wozu?

Wozu brauchen wir Ziele? Anscheinend eine triviale Frage. Doch sollte man gelegentlich innehalten, um Selbstverständliches nach seinem Sinn und Zweck zu hinterfragen. Funktional betrachtet scheint die Sache klar zu sein: Ziele – als erreichbare Endzustände – dienen uns dazu, um irgendwann festzustellen, ob wir sie erreicht haben. Sie dienen davor noch dazu, gemeinsam ökonomischen, technischen, also funktionalen Fortschritt und somit Erfolg zu definieren.

Doch was ist der personale, der psychologische und soziale Sinn von Zielen, egal ob vorgegeben oder vereinbart? Auf diese Frage habe ich in einigen hundert Workshops folgende Antworten eingesammelt: um Orientierung zu erhalten, um die Richtung zu kennen, um Motivation zu bekommen. Doch wozu brauchen wir eigentlich Motivation? Um unsere Energien frei- **Der personale Sinn**

**Orientierung, Motivation – wozu?**

zusetzen, sie zu bündeln. Wozu sollen wir Energien freisetzen? Um Ziele zu erreichen. Und so drehen sich die meisten Frage-Antwort-Spiele anfangs im Kreis. Fragen wir also weiter: Wozu Motivation, wozu sollen wir uns motivieren? Um Erfolg zu haben, heißt an dieser Stelle häufig die Antwort. Doch wozu **Erfolg –** brauchen wir Erfolg? Um das Erfolgsgefühl zu spüren, das Ge- **wozu?** fühl zu genießen, etwas erreicht zu haben. Hier könnte man sich ja doch schon mit der Antwort zufrieden geben. Doch Sokrates hätte da noch nicht aufgegeben: Wozu brauchen wir Er- **Zufriedenheit –** folgsgefühle? Um Zufriedenheit zu erlangen. Hier sind wir an **wozu?** einer Gabelung angelangt, weil Zufriedenheit ambivalent besetzt ist. Zufriedenheit kann auch zu Sattheit, zu Trägheit, zu Bequemlichkeit führen. Wenn auch europaweit »getüvt« ein Zufriedenheitsindex von Mitarbeitern erhoben wird, meinen wir, dass anstelle von Zufriedenheit ein psychologisch eindeu- **Freude** tigeres Wort eingesetzt werden sollte: Freude. Auf die wiederholte Frage »Wozu Ziele?« könnte man sich mit dieser Antwort »Um Freude zu erleben« begnügen. Ich erlebe jedoch in diesem Spiel immer eine zweite richtige Antwort: Wir brauchen **Selbstwert** Ziele für unser Selbstwertgefühl! Ziele für Freude und Selbstwertgefühl. Psychologisch ist geklärt: Das Wichtigste für uns Menschen ist dieses Gefühl des Selbstwerts. Die Empfindung, etwas wert zu sein, wird immer dann erlebt, wenn wir eine Leistung erbringen. Ich bin fest davon überzeugt, dass *jeder* Mensch Leistung bringen will. Der Beweis? Kleine Kinder, die uns zeigen, lange bevor sie sprechen können: »Schau, was ich kann!!!« Es wird ihnen leider nur allzu oft die Lust genommen, weil sie zu früh mit Erwachsenen in Berührung kommen, wie uns Antoine de Saint-Exupéry im Vorwort des »Kleinen Prinzen« sagt: »Ich bin in meinem Leben viel mit ernsthaften Menschen zusammengekommen. Ich habe Gelegenheit gehabt, Erwachsene ganz aus der Nähe zu beobachten. Das hat meiner Meinung über sie nicht gut getan.« Menschen wird zu früh die **Selbstachtung** Achtung entzogen. Selbstachtung ist jedoch das, was wir sekündlich anstreben. Sollten Sie bemerken, dass ein Mitarbeiter keine Leistung bringen möchte, so muss man sich nur die Frage stellen: Seit wann besteht dieser Zustand? Ist das schon seit seiner Aufnahme in die Firma, so war das Recruiting mangelhaft. Ist es danach passiert, so muss man der Sache auf den Grund gehen: Wer oder was hat zu der Demotivation geführt? Die vorrangigste Aufgabe einer Führungskraft ist nicht, Motivation zu erzeugen, sondern Demotivation zu vermeiden, wie **Demotivation** Rupert Lay in seinem »Führen durch das Wort« bereits in den **vermeiden** 1970er-Jahren postulierte.

Wollen wir uns dennoch der positiven Seite zuwenden: **Das Selbst-** Führungskräfte, die das Selbstwertgefühl ihrer Mitarbeiter in **wertgefühl** der Arbeit mit Zielen heben wollen, berücksichtigen folgende **heben** Kriterien:
Sie stärken deren Stärken.
Sie generieren Energie aus Erfolg.
Sie denken konstruktiv.

Zum Selbstwertgefühl durch *Führungskräfte stärken Stärken.* **Selbstwert** Sie wissen, dass der Hebel länger und somit die »Verzinsung« **durch Stärken** größer ist, wenn man seine Energien dorthin lenkt, wo man be- **stärken** reits stark ist, als wenn man versucht, seine Schwächen zu beseitigen. Die Konzentration auf die Beseitigung von Schwächen führt nachgewiesenermaßen nur zur Durchschnittlichkeit. Die Ausnahme gilt für tödliche Schwächen.

Zum Selbstwertgefühl durch *Führungskräfte generieren Energie* **Selbstwert** *aus Erfolg.* **durch** Sie wissen, dass Erfolg bedeutet das Setzen und Erreichen von **Energiequelle** Zielen und nicht: das Haben von Wünschen und das heftige **Erfolg** Abwarten auf die Erfüllung derselben. Erfolg ist nachgewiesen der stärkste Motivator, der nur kurzfristig betrachtet gegen die Angst verliert. Es gibt trotzdem Anhänger des Führens durch Angst. Sie denken die Folgen nicht bis zu Ende durch: Wenn wir jemandem mit einem dieser von Polizisten verwendeten Elektroknüppel einen Stromstoß versetzen, so wird er erstmalig fünf Meter aus dem Stand springen – und auch letztmalig, Lernfähigkeit vorausgesetzt. Sieht er dieses Instrument wieder, so wird er was tun? Er mag wählen zwischen Angriff oder Flucht. Eines wird er jedoch mit Sicherheit nicht tun, sich mittels Schmerz zu noch höheren Leistungen an-»spornen« lassen.

Die Sporen geben funktioniert bei Pferden, aber auch nur dann, wenn man sicher im Sattel sitzt. Herrenreitermanager wähnen sich fest im Sattel, das Obenbleiben absorbiert Energie. Es empfiehlt sich deshalb zu prüfen, ob es nicht auch einfacher geht, »die Pferde zum Laufen zu bringen«.

Führungskräfte, die das Selbstwertgefühl der Mitarbeiter durch Erfolg heben wollen, wissen, dass »für den Seemann, der den Hafen nicht kennt, kein Wind günstig ist« (Seneca). Sie beschreiben den Hafen, sie definieren Ziele als beschreibbare Endzustände. Sie unterscheiden situativ zwischen den Notwendigkeiten, Ziele zu vereinbaren oder vorzugeben. Und sie sind in der Lage, das für sich und andere zu tun. Und sie überprüfen bei Vorgaben wie bei Vereinbarungen, ob sie die Kriterien erfüllen, um Wünsche auf die Ebene überprüfbarer Ziele zu heben (oder zu senken):

**Den Hafen kennen**

Sie checken, ob die Ziele spezifiziert sind im Sinne von klar beschrieben, ob sie messbar sind, ob sie abgestimmt sind, sowohl die einzelnen Ziele untereinander wie auch die verschiedenen Ziel-»Sträuße« miteinander. Weiters checken sie, ob sie realisierbar und ob sie terminisiert sind. Sie kennen die Kriterien, die in der SMART-Regel zusammengefasst sind.

**Kriterien für Ziele**

Nach unserem Erkenntnisstand ist einer der Hauptgründe für Demotivation das schlampige Formulieren von Zielen. Um den Vorwurf der Schlamperei zu vermeiden und um das Motivationsinstrument Ziele für diesen seinen Zweck herzurichten, hier einige Gedanken im Detail. Vorweg möchte ich mit Ihnen gemeinsam überlegen, welche Kriterien leichter zu beantworten sind und welche schwerer, um mit den leichten zu beginnen. Das bedeutet, wir wollen von der durch die SMART-Regel vorgegebenen Reihenfolge abgehen, denn diese wurde ja nur gesetzt, um eine Eselsbrücke ins Management zu bringen. Wollen wir also Esel wieder zu Managern machen. Üblicherweise, weil leicht zu benennen, beginnt man mit dem Termin. Dennoch empfehlen wir, konform zur Regel, mit der klaren Beschreibung des Ziels zu beginnen.

**Schlampiges Formulieren von Zielen: einer der Gründe für Demotivation**

Zu »S« – *spezifisch beschrieben:*
Die sinntragenden Begriffe sind unmissverständlich zu definieren. Es ist immer verwunderlich zu sehen, wie Menschen sich spontan mit anderen Menschen solidarisieren, die auch nicht wissen, wovon sie reden, zumindest jedoch die gleichen Worte verwenden. Es ist sicherzustellen, dass alle Beteiligten das Gleiche unter dem Gesagten verstehen und miteinander redlich umgehen. Aristoteles zur Redlichkeit: Der Redliche unterscheidet sich vom Unredlichen dadurch, dass der Redliche weiß, wovon er spricht, wenn er redet. Ziele sind redlich zu vereinbaren.

Danach können wir den Termin festsetzen, um die Messbarkeitskriterien an diesem Termin auf ihre Realisierbarkeit zu prüfen.

Zu »T« – *terminisiert:*
Eine weitere Schlamperei tritt dann ein, wenn man zum Beispiel KW 30 festlegt und nicht vereinbart, ob man den Wochenbeginn oder das Ende der Woche meint – die Streiterei beginnt, wo doch Ziele auch dazu dienen, um Konflikte zu reduzieren.

Zu »M« – *messbar:*
Ziele müssen messbar sein, entweder quantitativ oder qualitativ; quantitativ in Zahlen, qualitativ im Vergleich. Vergleichbar mit den Ergebnissen im Vorjahr oder vergleichbar mit anderen Menschen, Abteilungen, Benchmarks. Obwohl die Firma Aldi keine Ziele setzt und sich bewusst des aufwendigen Zielprozesses entzieht, greift sie auf diese Vergleiche selbst im Quantitativen zurück: Sie vergleicht die Umsätze täglich zum Vorjahr, sie vergleicht die Mitarbeiter und Filialen untereinander.

Um während der Zielstrecke messen zu können, ob wir auf Zielkurs sind oder davon abweichen, brauchen wir Teilziele, denn es gilt das indische Sprichwort zu berücksichtigen: You cannot eat an elefant, you have to put him into slices. Das ungarische Pendant dazu ist: Du kannst nicht eine Salami essen, du musst sie in Scheiben schneiden.

*Marginalien:*
**Spezifisch beschreiben**

**Wissen, wovon wir sprechen, wenn wir reden**

**Termine setzen**

**Messbar**

**Teilziele**

»Ich will in drei Jahren Englisch lernen« ist kein Ziel, sondern das Betäubungsmittel von Versagern. »Morgen lerne ich zehn Vokabeln« ist ein Ziel, das Sie überprüfen und bei dem Sie sich, falls Sie es erreicht haben, danach selbst auf Ihre Schulter klopfen können. Sie haben sich Ihr Tagesziel gesetzt, dieses erreicht – Sie haben somit Erfolg gehabt. Und Sie werden daraus die Energie gewinnen, um auch noch morgen weiterzumachen.

**Sich selbst auf die Schulter klopfen**

Und sie werden sich an dieses Gefühl gewöhnen und es wieder erleben wollen. Sie werden in Fluss kommen, den Flow erleben, es wird leicht werden, sie werden Spaß haben und nach drei Jahren Englisch sprechen.

**Sie erleben den »Flow«, es wird leicht**

Zu »A« – *abgestimmt:*

Die Erfolgreichen prüfen zusätzlich, ob das einzelne Ziel auch noch im »Konzert der Ziele« der folgenden Bedingung der Erreichbarkeit entspricht. Das Kriterium nach der »Erfüllbarkeit in Abstimmung mit allen anderen Zielen« habe ich weder in Unternehmen noch in der Literatur bisher in Ziel-Bedingungslisten entdecken können. Die Nichtberücksichtigung der Abgestimmtheit gefährdet jedoch mitunter nicht nur das Erreichen der Einzelziele, sondern auch die des Gesamtziels. In den mir bekannten Fällen führt die Überfrachtung der »Zielsträuße«, ein schlampiges Ziel-Ikebana, zum genauen Gegenteil dessen, wofür Ziele da sind: Anstatt Energien freizusetzen, werden sie durch Zielkonflikte absorbiert.

**Das eine Ziel ist erreichbar, sind es auch alle?**

**Die Gefahr der Demotivation durch Überfrachtung der Zielsträuße**

Nicht selten wird das »A« – anders als hier mit »abgestimmt« – mit »akzeptiert« festgelegt. Hier liegt jedoch ein klassischer logischer Fehler vor, weil »Akzeptiert« nicht ein Teil der Bedingungen sein kann, sondern: akzeptiert ist ein Ziel immer dann, wenn alle fünf Kriterien erfüllt sind. Sind alle fünf Kriterien erfüllt und ist der Gesprächspartner »in der Summe« nicht einverstanden, so frage ich ihn noch einmal Kriterium für Kriterium, ob er jedes für sich akzeptiert. Antwortet er fünfmal mit Ja und in der Summe mit Nein, so weiß ich, dass er nicht will.

Zu »R« – *realistisch, im Sinne von erreichbar:*
Dieses Kriterium wird häufig als leicht zu definieren bzw. über-
prüfbar eingestuft – überraschenderweise. Denn wer ist schon
in der Lage, in die Zukunft zu sehen?

So weit unser Angebot zu der Übersetzung der SMART-Regel.
Diese Zielkriterien sind in Unternehmen an sich bereits Allge-
meingut, zumindest theoretisch.

Zum Selbstwertgefühl durch *Führungskräfte denken konstruk-*
*tiv:*
Sie sind dazu in der Lage, in schwierigen Situationen eine positive und realitätsdichte Interpretation zu liefern. Sie können neben dem Ausblick auf die Schattenseite auch das Fenster auf
die Sonnenseite öffnen. Sie sind fähig, negative, destruktive
Jammerzirkel zu Konstrukteuren einer neuen, anderen, besseren Wirklichkeit umzupolen.

*Grundmuster 18, auf das wir uns verlassen können: Klare Ziele*
*reduzieren Konflikte. Erreichte Ziele stärken unser Selbstwert-*
*gefühl.*

# Die sechs Faktoren innerer Kündigung –
# gegen Frustration

Was geschieht, wenn wir uns der Herausforderung stellen, ein
Ziel anzustreben, unsere Stärken einzusetzen, konstruktiv zu
denken, und so auch vorgehen?
Versetzen Sie sich bitte einmal mit mir in die Lage jenes Man-
nes, der eines Abends eine Bar betritt und am Tresen ein wah-
res Objekt der Begierde erblickt. Sein Puls steigt, in seinen
Schläfen beginnt es zu pochen, die Schmetterlinge okkupieren
seinen Bauch. Er aktiviert seine Flirttechniken und investiert
Zeit und Energie. Energie in Form von Charme, Champagner,
Charisma. Drei Stunden angeregter Unterhaltung, begleitet von
knisternder Spannung lassen unseren Freund sich in der Nähe
des erwarteten Ziels wähnen, als ein Mann das Lokal betritt

**Realistisch,
erreichbar**

**Selbstwert
durch
konstruktives
Denken**

**Grund-
muster 18**

**Charme,
Champagner,
Charisma**

und seine Gesprächspartnerin zu ihm sagt: »Wie gut, dass Sie mir so lange Unterhaltung geboten haben, nun kann ich Ihnen auch noch meinen Mann vorstellen.« Die Folge energetischer Absturz: »Frust«.

Nur militant positiv Denkende werden in so einem Augenblick das Gefühl von Ent-Täuschung als lebensbereichernd interpretieren, weil sie sich entsinnen, dass die Silbe »ent-« *frei von* bedeutet, Enttäuschung somit frei von Täuschung meint. Es ist doch gut, wenn uns das Leben die Möglichkeit bietet, ein immer größeres Maß an Realitätsdichte zu erfahren.

Es mag natürlich auch so sein, dass unser Freund nur aktuell nicht zu solcher Reflexion fähig ist und etwas zeitversetzt seine Lektion daraus ziehen wird.

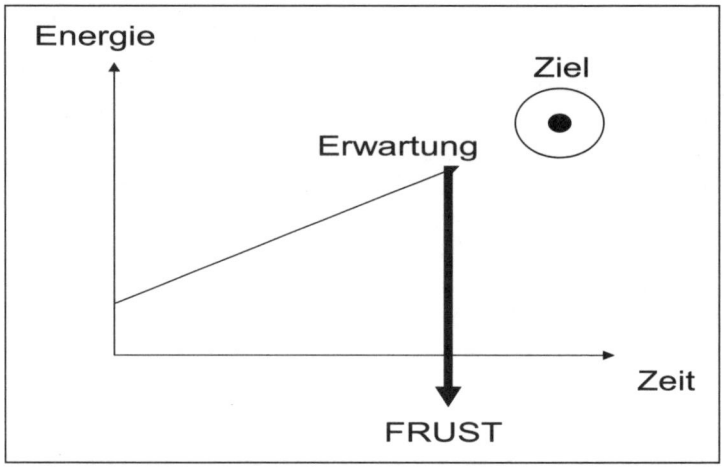

**Sechs Frust-reaktionen:**
**Aggression** Spontan erlebt er ein Gefühl von Frustration. Wie es zutage tritt? Es stehen ihm psychisch nicht weniger als sechs Ausgänge zur Verfügung. Er mag zuerst die *Aggression* »wählen«: »So ein Mist, da investiert man, opfert seine Zeit, und dann das!!!«

**Regression** Es steht ihm prinzipiell auch der Weg frei, sich »totzulachen«, der Weg in die *Regression,* des Zurückfallens in kindliche Verhaltensweisen.

**Ersatz-tätigkeit** Als weitere Reaktionsvariante auf seinen »Frust« würde ihm das Ausüben von *Ersatztätigkeiten* zur Verfügung stehen. Man

110

kann sich vorstellen, dass er alleine die Tanzfläche bevölkert, seinen Laptop anwirft oder das Salzgebäck attackiert.

Oder er verfällt in *Resignation:* körpersprachlich für uns daran zu erkennen, dass er seine Balzhaltung aufgibt, indem er seine Schultern hängen lässt, der Körper in sich zusammensackt, sein Blick den Glanz verliert. Verbal ist leise zu vernehmen: »Ist doch immer dasselbe, was auch immer ich versuche, wie sehr ich mich auch anstrenge, immer ist schon einer vor mir da« – und die Modulation seiner Stimme hat dieses resignative Element eines Heinz Rühmann. **Resignation: Frust ohne Energie**

Oder er *unterwirft sich,* indem er in eine angeregte Unterhaltung mit dem Ehemann eintritt, ihn die Themen bestimmen lässt, sich selbst in der Kunst des geduldigen Zuhörens übt, dessen Vorzüge und Fähigkeiten würdigt, sodann die Rechnung begleicht, um ohne Austausch der Adressen und somit ohne Chance auf einen Return on Investment das Feld zu räumen. **Unterwerfung**

In der Folge der einen oder anderen Reaktion mag ihn dann auch noch die *Somatisierung,* die Verkörperlichung, ereilen (griechisch *soma* bedeutet Körper). Sein Magen verkrampft sich oder auch sein Rücken, oder sein Ischias macht sich wieder bemerkbar, oder sein vegetatives Nervensystem verlangt nach einer Extraportion Alkohol, Tabak, sedierenden Medikamenten oder sonstigen Drogen. Unser Freund ist fremdgesteuert, wird heteronom geleitet durch seine autonomen Gefühle. Er ist unfrei. **Somatisierung**

Von der Bar in den beruflichen Alltag:

*Aggression* lässt sich unschwer erkennen an Sätzen wie »Dieser Saftladen weiß ja gar nicht, was er an mir hat!«. **Frust indikativ erkennen**

*Regression:* In einem deutschen Betrieb wurde ich gefragt: »Wissen Sie den Unterschied zwischen unserem Unternehmen und dem Gefängnis?« … »Im Gefängnis wissen Sie zumindest den Entlassungstag!« Wenn Sie diesen »Witz« einmal hören – in Ordnung. Wenn Sie ihn jedoch dreimal hören und wissen, dass sich die drei Witzeerzähler noch nie begegnet sind, dann wissen Sie, dass Sie eben den »running gag« der Company gehört haben.

*Ersatztätigkeit:* Frei von Zielorientierung produziert jemand mit ungeheurem Eifer Sinnfreies, zum Beispiel Exel-Sheets mit wunderbaren grafischen Torten, die er per E-Mail an Auserwählte versendet. Auf den ersten Blick ein fleißiger Zeitgenosse. Doch nicht jeder, der fleißig erscheint, ist motiviert. Es mag sein, dass dieser Fleißige von Kollegen als Niete dargestellt worden ist und nun nach Leibeskräften diesen »discount« ausmerzen will, indem er allen zeigt, wie sehr sie Unrecht hatten. Bis hierher ist noch nicht alles verloren, denn in allen drei Formen »Aggression, Resignation, Ersatztätigkeit« begegnet uns der Frustrierte noch mit Energie. Diese wird zwar nicht mehr zur Erreichung eines Ziels investiert, sie ist jedoch da und muss nur umgepolt werden, von destruktiv in konstruktiv. Ab jetzt jedoch wird es für Führungskräfte schwer, die verloren gegangene Energie wieder zu wecken.

*Resignation:* Das Versiegen der Antriebskräfte macht sich im Frustrierten breit.

*Unterwerfung:* Frei von Würde ist jemand bereit, alles zu tun, was man von ihm verlangt. Nicht wenige Führungskräfte sind darüber glücklich … In Kulturspiegelgesprächen ist eine der Standardfragen: Was wird bei Ihnen gefördert und positiv sanktioniert: kreativer, konstruktiver Ungehorsam oder Kadavergehorsam, Unterwerfung, Duckmäusertum?

*Somatisierung:* deutlich wie auch einfach erkennbar an höheren Krankenständen.

Diese sechs Indikatoren für Frustration sind auch die sechs Faktoren der inneren Kündigung.

**Grundmuster 19** *Grundmuster 19, auf das wir uns verlassen können: Schlampige Ziele sind eine der Hauptquellen für Frustration.*

## Machtgebrauch statt Machtmissbrauch – Führen ohne Gewalt

**Macht kraft Person** Macht kann gebraucht werden. Macht kann missbraucht werden. Macht kann bedeuten, dass wir kraft unseres persönlichen Vermögens etwas verändern oder beeinflussen können, eine

Einstellung, ein Verhalten, eine Situation. Macht kann aber auch bedeuten, dass wir etwas beeinflussen oder verändern können kraft unserer Position, die es uns ermöglicht, Gewalt anzuwenden. **Macht kraft Position**

Mit dem Vermögen, Macht zu gebrauchen, meinen wir die Fähigkeit,

- so mit Menschen zu kommunizieren, dass diese durch uns überzeugt werden; wir beziehen darin auch ein die Fähigkeit, **Kommunikationsfähigkeit**
- mit Konflikten konstruktiv umzugehen; wir zählen zum Machtgebrauch weiters die Fähigkeit, **Konfliktfähigkeit**
- mit Gruppen umgehen zu können sowie aus Gruppen von Menschen Teams zu formen; und wir wollen dem Gebrauch von Macht hinzurechnen die Fähigkeit, **Teamfähigkeit**
- sittlich verantwortet zu handeln, was bedeutet, im Einklang mit seinen eigenen Werten, autonom, selbstgesteuert, unabhängig von der Moral der Gesellschaft seine Handlungen verantworten. **Sittlich autonom**

Menschen bemühen sich, all das in Seminaren oder auch autodidaktisch zu erlernen, um Macht ausüben zu können. Dieses positive Bemühen führt bei ausreichender Energie auch bei nicht wenigen zum Erfolg, und dennoch versagen sie nicht selten in Situationen, die sie aus der ihnen bekannten Routine werfen oder wenn sie ganz einfach »mal nicht so toll drauf sind«. Sie werden nun Interaktionen »wählen«, um kürzer, schneller an ihr Ziel zu gelangen: Sie wenden Gewalt an, sie **Gewalt** missbrauchen ihre Macht. Wollen wir uns dem Missbrauch von **Missbrauch** Macht zuwenden, denn wenn wir uns dem Missbrauch verwehren, so werden wir zumindest keine unnötigen Widerstände aufbauen. **von Macht**

Missbrauch von Macht bedeutet also, dass wir Gewalt einsetzen. Unter Gewalt verstehen wir, dass wir Zwänge ausüben beziehungsweise androhen: soziale Zwänge, psychische Zwänge. Obwohl die meisten von uns psychische und soziale Zwänge tagtäglich anwenden, ist aus meiner Erfahrung den wenigsten bewusst, was darunter zu verstehen ist. **Zwänge einsetzen**

113

Ich biete Ihnen für psychisch bestrafen an: andere verunsichern, anderen Scham zufügen, andere schuldig fühlen lassen, andere in ihrer Selbstachtung mindern, also klein machen. Wir fassen es gerne kurz und knapp unter ASSM (Angst, Schuld, Scham, Minderung der Selbstachtung) zusammen oder unter U. S. A. (Unsicherheit, Schuld / Scham, Angst).

Wie sieht das in der Praxis aus? Als ich letztens beim Joggen in mich hineinhorchte, merkte ich, dass ich verstimmt war, und dies obwohl das Wetter prächtig war, meine Füße und Beine wie geölt spurten und auch die Lunge perfekt für mich arbeitete. Und ich entdeckte die Quelle meines Missmutes: Mein PC hatte mir seinen Dienst verweigert, und der Techniker kam, um den Schaden zu beheben, was ihm auch gelang. An sich hätte ich nun also guten Grund gehabt, gut gelaunt zu sein. Was war passiert? Der Technikexperte setzte sich an den PC: »Warum hast du auf diese Taste gedrückt?« Das wusste ich auch nicht.

Unsicherheit kam in mir auf. Und der Experte setzte nach: »Ich sagte dir doch letztes Mal, wenn du das tust, stürzt du ab!«
Scham bemächtigte sich meiner. Unbewusst dürfte mein Experte gespürt haben, dass ich schon in der Ecke festgenagelt bin, und er holte nochmals aus: »Alle anderen tun es richtig!!« Jetzt
bemühte er auch noch den Vergleich mit »allen anderen«, und er hatte es erreicht: Schuldgefühle stiegen in mir hoch. Noch nicht genug, dass ich schon am Boden lag – nun kam der Vernichtungsschlag: »Und ich sage dir: Wenn du das noch einmal tust, riskierst du nicht nur den Absturz deines PCs, sondern des
gesamten LAN!!!« Angst überfiel mich. Gefangen in der Situation merkte ich (»der Kommunikationsexperte«) gar nicht, was mit mir geschah. Erst als ich nun beim Joggen den auslösenden Reiz für meine Verstimmung suchte, fiel es mir wie Schuppen
von den Augen: Steuerung über U. S. A., er hat es *getan*, er hat psychischen Zwang in Reinkultur ausgeübt, in 15 Sekunden es (beinahe) geschafft, mir meinen Tag zu vermiesen. Nicht mit mir! Schauen Sie einmal um sich, wo Sie dieses diabolische Muster entdecken:

1. Man stelle eine Frage, die der andere nicht beantworten kann – Verunsicherung ist die Folge.

2. Man verknüpfe ein Sollverhalten mit dem Nichtgehorchen oder Versagen – Scham entsteht.
3. Man etabliere ein Wertesystem, gegen das der andere verstößt – Schuldgefühle kommen auf.
4. Und schlussendlich stelle man in Aussicht einen unerwünschten zukünftigen Zustand – Angst bemächtigt sich des Opfers.

Um Ihnen die Sensibilisierung zu erleichtern, möchte ich Ihnen noch ein Beispiel aus dem Alltag von »mündigen« Führungskräften anbieten:
»Sie werden schon sehen, wohin das führt, wenn sie so weitermachen« – ein Standardsatz von funktionalen »Autoritäten«, die durch Angst den zur Führung Anvertrauten wieder auf Kurs bringen wollen. »Angst« und »Enge« haben den gleichen sprachlichen Ursprung – in die Enge treiben, in die Ausweglosigkeit, erzeugt Angst, eine Form psychischer Gewalt.

Wie können wir nun sozial Macht missbrauchen? Ganz einfach, indem wir Menschen von Informationen fernhalten, die andere erhalten. Zum Beispiel: Auf einem Rundschreiben bezüglich des Betriebsausflugs wird einer »vergessen«. Oder: Das Grußritual wird differenziert angeboten. Zum Beispiel: Alle werden mit dem Namen begrüßt, der zu Bestrafende nur mit »Guten Tag …« – Grußritualentzug als Strafe. Suchen Sie nun bitte selbst wieder in Ihrer unmittelbaren Umgebung nach sozialen Strafen, nach sozialer Missachtung. Psychosoziale Zwänge stehen der Selbstachtung diametral entgegen. Unmenschlichkeit im Alltag durch psychische und soziale Zwänge, seit einiger Zeit selbst mit einem Markenbegriff geadelt: Mobbing. **Sozialer Machtmissbrauch**

Immer dann, wenn wir es schaffen, auf die Ausübung psychosozialer Macht zu verzichten und kommunikativ zu kämpfen, ohne einander zu verletzen, wird es uns gelingen, Probleme zu besiegen statt Menschen.

*Grundmuster 20, auf das wir uns verlassen können: Wenn wir es schaffen, die uns verliehene Macht zu gebrauchen statt zu missbrauchen, werden uns die Menschen freiwillig folgen.* **Grundmuster 20**

115

Im Folgenden wollen wir Sie mit einem Machtmittel der Kommunikation vertraut machen, das uns erlaubt, Macht zu gebrauchen.

## Alles Wissen aus allen Köpfen rausholen – Probleme lösen im Team

Um für die Notwendigkeit von herrschaftsfreiem und profitablerem Miteinanderumgehen zu sensibilisieren, stelle ich in Seminaren den Teilnehmern die Frage, was ihnen einfällt, wenn sie an Sitzungen, Meetings, Konferenzen, Tagungen denken. Die Nennungen bestätigen üblicherweise die Resultate, die eine Untersuchung von Professor Lay zutage befördert hat:

- Sitzungen sind ineffizient.
- Sie dauern zu lange.
- Sie sind demotivierend.

Die Analyse der Hintergründe für die Demotivation hat ergeben:

- Die Teilnehmer spielen ihr Lieblingsspielchen:
  Kampf gegen andere.
- Einige reden immer, die anderen kommen nicht zu Wort.
- Die Gruppe pendelt zwischen Sympathie und Antipathie.
- Seilschaften dominieren.
- Eitle Selbstdarstellung der »Rhetoriker« vereitelt sachliche Diskussionen und Lösungen.
- Herumtümpeln in Nebenkampfschauplätzen.
- Es redet nur der Chef.

Wie Sie bemerken, ist keine einzige Positiverinnerung abgegeben worden. Neben *Unprofessionalität* erkennen wir auch maskierte bis offene *Feindseligkeiten* in einer Form des menschlichen »Zusammenseins« (die doch offensichtlich eher eine Form des Gegeneinanderseins ist), bei der es doch darum gehen sollte, für den Kapitalgeber, für die Arbeitnehmer wie für den Markt Probleme zu lösen und einen Mehrwert zu generieren. Es geht bei dieser Auflistung nicht nur um das Unbehagen von Menschen. Es geht schlicht und einfach um Vergeudung und Vernichtung von Geld und Ressourcen.

Das wird – kaum betreten Menschen ein Sitzungszimmer – offensichtlich vergessen. Es ist unverantwortlich, wenn nicht bereits grob fahrlässig, wenn Manager in ihrer Verantwortung für die Verzinsung von Kapital diese *strukturellen* Störfaktoren nicht eliminieren. Ich schreibe nicht »reduzieren«, sondern *eliminieren, also auch oder gerade bei Sitzungen, in der sie vielleicht gerade über das Null-Fehler-Prinzip in der Fertigung reden, statt das *Null-Fehler-Prinzip für Sitzungen* einzuführen. Was läuft in solchen ineffizienten Sitzungen ab?

**Grob fahrlässig**

Gehen wir einmal vom positiven Fall aus, wo das Thema bekannt, das Sitzungsziel akzeptiert, ein zeitlicher Rahmen gegeben sowie die Tagesordnungspunkte mitgeteilt worden sind und somit die Teilnehmer sich ordentlich auf die Arbeit haben vorbereiten können. Trotz einer so funktional gut gestalteten Veranstaltung laufen parallel wie auch im Untergrund vom Urzweck losgelöste Prozesse ab: Menschen bündeln ihre Energien und richten sie gegeneinander. Als Instrumente verwenden sie Diskussion, Debatte, Rede, Rhetorik, Körpersprache, Charme, Charisma, Lobbying, Humor. Sie »kultivieren« mittels dieser Tools ihr Lieblingsspielchen »Kampf gegen andere«. Man bestimmt das Ranking in der Hackordnung, und auch die Hackdistanz wird ausgelotet: Wer ist Alpha, wer Beta, wer Gamma, wer ist Omega und wie weit lasse ich die anderen an mich ran? Nach einer dreistündigen Sitzung mag durch dieses Ritual *emotionaler Konsens* wieder erreicht worden sein: Man fühlt sich wohl, man weiß seinen Stellenwert bestätigt, Alpha hat seine Position abgesichert, Beta fügt sich wieder ein (die Zeit mag noch nicht reif sein für den Sturm auf die erste Stelle), die Gammas (der für eine Firma so notwendige »soziale Kitt«, wenn »die da oben« ihre Machtspiele spielen, denn irgendjemand muss in stürmischen Zeiten die Firma ja weiter tragen) sind geordnet, und auch Omega fügt sich in seinen letzten Rang ein, möglicherweise doch auch erleichtert, seine Energien für Lohnenderes einsetzen zu können. Aus der Position der abgesicherten Stärke meint nun Alpha: »Toll, was wir heute wieder geleistet haben, deshalb möchte ich euch noch auf einen Drink einladen.«

**Kampf gegen andere**

**Emotionaler Konsens erzielt – Problem ungelöst**

Emotionaler Konsens ist erreicht.
Das Problem, das zu lösende, bleibt jedoch
einsam und ungelöst in der Firma zurück.

**Gruppenbildung: Storming, Forming, Norming**

**Ohne Performing**

**Das Kapital flüchtet**

Das Problem, weswegen die Sitzung einberaumt worden war. Was in diesem Raum abgelaufen ist, war nichts anderes als das *»Storming, Forming oder Norming« einer Gruppe*. Ohne die Stufe des geforderten *Performing zu erreichen*. Eine ungeordnete Ansammlung von Menschen hat die Sitzung also zweckentfremdet, um sich sozial zu organisieren. (Das soeben Beschriebene ist in der folgenden Skizze unter »Überzeugen« abgebildet.)
Dazu mögen Sitzungen auch beitragen ihr primärer Sinn ist jedoch das Lösen von Problemen oder/und das Finden von Konsens, zumindest im Sinne derjenigen, die ihr Kapital zur Verfügung gestellt haben. Wie »volatil«, also wie flüchtig Kapital ist, haben in letzter Zeit nicht wenige Manager erleben dürfen.

**Auf der Seite der Mehrheit war noch selten die Wahrheit**

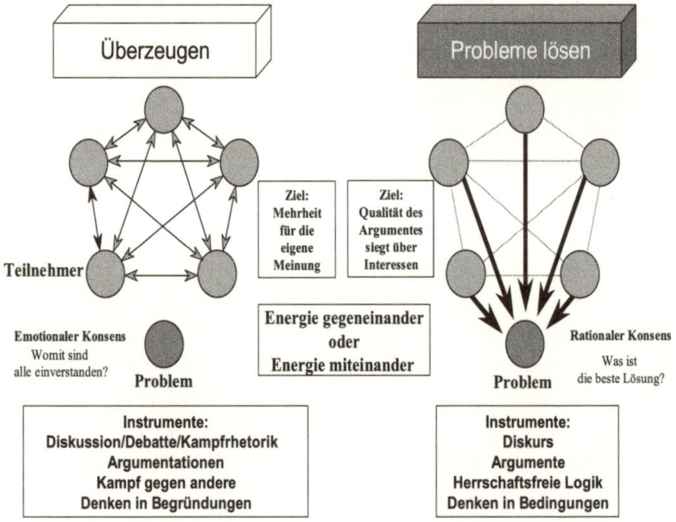

Überzeugen
Probleme lösen
Teilnehmer
Ziel: Mehrheit für die eigene Meinung
Ziel: Qualität des Argumentes siegt über Interessen
Energie gegeneinander oder Energie miteinander
Emotionaler Konsens
Womit sind alle einverstanden?
Problem
Rationaler Konsens
Was ist die beste Lösung?
Problem
Instrumente: Diskussion/Debatte/Kampfrhetorik Argumentationen Kampf gegen andere Denken in Begründungen
Instrumente: Diskurs Argumente Herrschaftsfreie Logik Denken in Bedingungen

*Der gemeinsame Gegner im Team ist das Problem. Gegner in der Gruppe ist der Widerspruch.*

Was läuft in Sitzungen noch ab?

Man einigt sich nach erfolgter Gruppenbildungs-»Arbeit« darauf, noch abzustimmen, sei es mit einfacher Mehrheit oder
qualifizierter. Damit werden jedoch keine Probleme gelöst,
denn: Eine Mehrheit führt nicht notwendigerweise zur Lösung.
Zum Lösen von Problemen benötigt man Teams. (In der Abbil-
dung in der rechten Hälfte unter »Probleme lösen« dargestellt).
Stellen Sie sich bitte vor: Dieselben Menschen im selben Sitzungszimmer konfrontiert mit demselben Problem. Statt der
Mittel Diskussion und Debatte wählen die Teilnehmer ein anderes Mittel. Jedoch wollen wir zuerst diese Gruppe als Team
aufstellen und definieren:

**Nun stimmen wir ab!**

**Wo ist das Team?**

**Was ist das: ein Team?**

> Ein Team ist eine spezialisierte Gruppe,
> die gemeinsam ein Problem löst und
> in der kein Mitglied gegen ein anderes kämpft.

Es kommt darauf an, gemeinsam zu gewinnen und nicht ein
oder mehrere Sitzungsmitglieder zu besiegen.

Sie werden nun wohl wie die meisten kritischen Menschen be-
zweifeln, dass das der Spezies Mensch beschieden sein kann,
»dass kein Mitglied gegen ein anderes kämpft«.
Behalten Sie Ihre Zweifel – die Tugend der Weisen.
Und lassen Sie sich gerne überraschen – es geht.

**Zweifeln Sie – und lassen Sie sich über- raschen!**

Um die Schwierigkeit zur Teambildung zu verdeutlichen,
möchte ich Ihnen ein Beispiel aus der Sporterziehung von Jugendlichen im Alter von zehn bis elf Jahren erzählen, das ich
einem passionierten Sportlehrer verdanke. Er versuchte nach
einem Fußballspiel, in dem gegen alle Regeln eines Teams verstoßen worden ist, seinen Schützlingen den Spiegel vorzuhal-
ten. Er fragte die Buben, was für sie ein Team sei, welche Bedingungen erfüllt sein müssten.
Die von ihm gesammelten Antworten:

**Teamregeln im Sport**

- Man muss den Ball abgeben.
- Es müssen alle eingebunden werden.
- Man darf niemanden anschreien.
- Man darf niemanden auslachen.
- Man muss verlieren können.

119

- Man darf sich keine Schuld zuweisen.
- Man darf nicht streiten.

Nachdem ihm die Jugendlichen mit zunehmendem Eifer ihre Ansichten zu einem Team zugeworfen hatten, sagte er zu ihnen: Und seht ihr, gegen all diese Punkte habt ihr in dem soeben geführten Spiel verstoßen.

Warum sollten es also Führungskräfte, Manager und andere Profis besser können, wenn es sogar Kinder nicht können?

Antoine de Saint-Exupéry sagte: Ich bin viel mit Erwachsenen umgegangen und habe Gelegenheit gehabt, sie ganz aus der Nähe zu betrachten. Das hat meiner Meinung über sie nicht besonders gut getan.

Und das, ohne dass uns bekannt ist, dass er durch Sitzungen geschädigt worden wäre.

Bevor wir uns der Technik zuwenden, die ein Team in der Sitzung einsetzt, das gemeinsam das Problem lösen möchte, ohne gegeneinander zu kämpfen, wollen wir uns ansehen, welche Wege Überzeugung noch – außer dem Weg »vom eigenen Kopf über den Bauch des anderen zum Kopf des anderen« – gehen kann. Kommunikationstrainer schulen üblicherweise diesen »Weg über den Bauch.« Es heißt: Wir müssen den Menschen »abholen«, was so viel bedeutet, dass wir unsere Aufmerksamkeit und all unser Interesse darauf richten sollen, **Ein Dogma der Kommunikation** was dem anderen wichtig ist, was er erwartet, was ihn interessiert, was seine Bedürfnisse sind. Dieser Gedankengang hat bereits die fragwürdige Qualität eines Dogmas der Kommunikation erlangt. Wie kann es anders gehen, dass wir einander überzeugen?

Diese Kommunikations-»Experten« – die meist Dialektik mit Rhetorik verwechseln – übersehen die Möglichkeit der rationalen Überzeugung. Es sei ihnen kein Vorwurf gemacht, denn nur **Der vergessene Diskurs** die wenigsten kennen die verschollene Kunst des diskursiven Denkens. Diese schlägt den Kopfweg ein, immer jedoch wissend, dass selbst in rationalen Diskurssitzungen die Emotionalität immer »blubbert«. Das »Grollen« im Untergrund gilt es zu hören, die verborgenen Kräfte in Gruppen gilt es, zu bündeln und so beherrschbar zu machen.

120

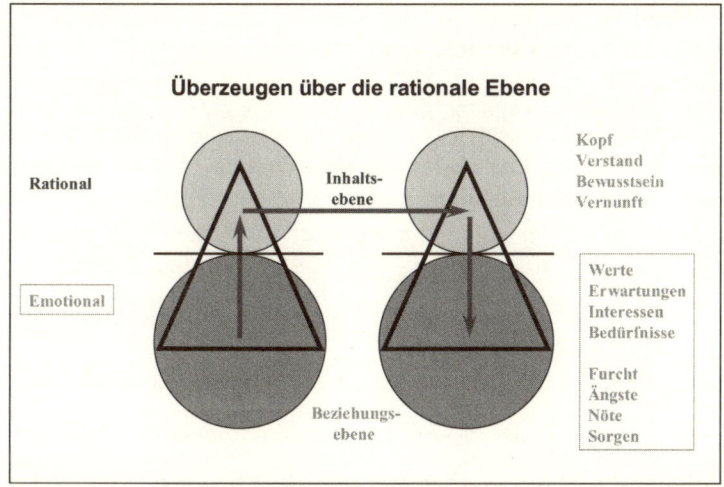

Überzeugen über die rationale Ebene

Rational

Emotional

Inhalts-
ebene

Kopf
Verstand
Bewusstsein
Vernunft

Werte
Erwartungen
Interessen
Bedürfnisse

Furcht
Ängste
Nöte
Sorgen

Beziehungs-
ebene

Gelöste
Probleme
überzeugen

Wir wollen Sie bekannt machen mit dem Diskurs, einer Technik, die seit der Antike bis ins ausgehende Mittelalter zum Standard einer höheren Ausbildung zählte. Mit der Neuzeit, der Moderne, ist er aus unseren Lehrbüchern verschwunden. Der Philosoph und Jesuit Rupert Lay hat ihn in den 1960er-Jahren in der Bibliothek des Vatikans wiederentdeckt und für das Management aufbereitet.

**Ein verschwundenes Kulturgut**

**Entdeckt in der Bibliothek des Vatikan**

Der Diskurs als rationales Instrument will eine sachliche Lösung erzielen. Statt des Fühlens wird der Verstand bemüht.

Der Weg des Verstandes stützt sich auf unsere Erfahrungen. Wir brauchen uns nicht um die logisch-plausible Richtigkeit unserer Argumentationen zu kümmern, sondern nur um die Gültigkeit unserer Argumente. So erreichen wir Realitätsdichte und auch Lebensfähigkeit unserer Gedanken, Thesen und Modelle. Die Shareholder wie auch die Mitarbeiter und Mitarbeiterinnen werden uns danken.

**Wir folgen unserer Erfahrung**

Lay schreibt:

Wir werden im Umgang miteinander wachsen dann, wenn

**Wir wollen wachsen**

- es uns gelingt, gemeinsam unter gemeinsamem Erkenntnisfortschritt gegen Probleme zu kämpfen,
- wir in sozialer Geborgenheit den Mut haben, uns misslingenden Interaktionen auszusetzen.

121

| | |
|---|---|
| **Probleme sind unsere Gegner, nicht Menschen** | Ein Feld von Vertrauen, wo wir angstfrei über unsere Ängste reden können, werden wir dann aufbauen, wenn wir Probleme als gemeinsame Gegner sehen und nicht die Menschen. Die Lösung bietet die *Technik des rationalen Diskurses*. |

Der Diskurs ist jene Technik,
bei der Herrschaft strukturell lahmgelegt wird.

| | |
|---|---|
| | Was zeichnet diese kommunikative Technik nun aus? |
| **Bedingungen statt Begründungen** | Man denkt beim Diskurs in *Bedingungen*. Um den Begriff *Bedingungen* zu veranschaulichen, verwenden Sie bitte die folgende Skizze: |
| **Dann – wenn statt weil** | Die Weltgesundheitsorganisation definiert Gesundheit wie folgt: Ein Mensch ist gesund *nur* dann, wenn er physisch *und* sozial *und* mental intakt ist. |
| | Ein Mensch ist hingegen *immer* dann krank, wenn er entweder physisch *oder* sozial *oder* mental einen Defekt hat. |
| **Die Bedingungen für gesund sein** | Sie erkennen, dass es ausreicht, also *hinreichend* ist, wenn *nur eine der Bedingungen erfüllt* ist, dass ein Mensch krank ist; und Sie sehen, dass es jedoch notwendig ist, dass *jede einzelne* der drei Bedingungen erfüllt sind, dass wir sagen können, dass ein Mensch gesund ist. Keine dieser Bedingungen ist für die Gesundheit *hinreichend*, jedoch jede einzelne *notwendig*. |

---

**Denken in Bedingungen**

| **Gesund** | **Krank** |
|:---:|:---:|
| ist ein Mensch | ist ein Mensch |
| **nur dann, wenn** er | **immer dann, wenn** er |
| **physisch** | **physisch** |
| und | oder |
| **psychisch-sozial** | **psychisch-sozial** |
| und | oder |
| **mental** | **mental** |
| intakt ist. | nicht intakt ist. |

---

Ein zweites Beispiel: *Immer* dann, wenn ein Mann und eine Frau miteinander schlafen, gibt's ein Kind? Wohl – Gott sei

122

dank – nicht! Diese Bedingung ist somit nicht ausreichend, in der Sprache der Logik nennt man das nicht *hinreichend*.

Die Bedingungen, ein Kind zu zeugen

Prüfen wir weiter die Bedingungen für das Zeugen eines Kindes: *Nur* dann, wenn ein Mann und eine Frau miteinander schlafen, gibt's ein Kind? Wohl auch nicht ... mehr. Vor 40 Jahren mag das noch eine notwendige Bedingung gewesen sein, ohne die es nicht ging. Nun ist dies nicht einmal mehr notwendig.

Hinreichend oder notwendig

Wir nennen diese dritte Bedingungsqualität *wünschenswert*. Es mag wohl hoffentlich in der Tat für das eine oder andere Paar wünschenswert sein, miteinander zu schlafen, um ein Kind zu zeugen.

Schön, wenn ein Mann und eine Frau miteinander schlafen

Mit solchem Denken ausgestattet, haben wir die erste notwendige Bedingung für das Arbeiten im Diskurs gesetzt, und die Qualität der Arbeitsergebnisse wird nun eher das Prädikat *professionell* verdienen, wenn wir fordern, dass »Profis« rational richtige Lösungen anstreben.

Ein Profi denkt in Bedingungen

*Der Nachteil dieser Technik:* Um sie in Sitzungen einsetzen zu können, bedarf es eines in der Technik des Diskurses ausgebildeten Moderators.

Der Nachteil des Diskurses

*Der Vorteil* gegenüber den Methoden der Überzeugung: Während bei der Überzeugung das Ziel ist, *Mehrheiten für die eigene Meinung* zu generieren, geht es beim Diskurs »nur« um die *sachlich richtige Lösung*.

Der Vorteil

Ist das Problem gelöst,
so haben alle gemeinsam, das Team,
vor dem Anspruch des Problems gewonnen.

Wenn hingegen in einer sitzungsüblichen Diskussion oder auch Debatte mittels dieser dialektischen Kampftechniken eine Mehrheit erzielt worden wäre, zum Beispiel eine einfache mit 51 Prozent oder eine qualifizierte zu zwei Dritteln, so ist damit immer noch nicht sichergestellt, dass eine richtige Lösung gefunden worden ist.

Wie wird nun beim Diskurs vorgegangen?

Bevor ich Ihnen die Technik der Moderation vorstelle, möchte ich anmerken, dass die folgenden Zeilen für die meisten nicht »hinreichend« sein werden und auch nicht sein können, um

Die Schritte des Diskurses

den Diskurs praktisch nachzuvollziehen, geschweige denn, eine Diskurssitzung zu moderieren. Es soll Ihnen jedoch aufzeigen, wie es Menschen schaffen können, ohne Aggressivität **Kooperation** in einer *Haltung der Kooperation und Koordination* miteinan- **und** der Probleme zu lösen und rationalen Konsens zu erzielen. Die **Koordination** Fähigkeit zur Anwendung des Diskurses setzt zumindest eine entsprechende Schulung voraus, wobei ein Grundkurs in Dialektik empfehlenswert ist wie auch als vertiefende Literatur das einzige mir bekannte Buch zu diesem Thema *»Kommunikation für Manager«*.

**Fahnen bilden** Diese Technik des Erstellens von Bedingungskatalogen (zum Beispiel den für die Gesundheit oder auch Krankheit) ist uralt. In der antiken und mittelalterlichen Dialektik sprach man davon, *»Fahnen«* zu bilden (lat. »ars construendi vexilla« bedeutet die Kunst, Fahnen zu bilden; »vexillum« bedeutet die Fahne). Dieses Sprachbild verdanken wir der Ästhetik. In mittelaterlichen Büchern können wir Bedingungslisten sehen, die gleichsam auf eine Fahne geschrieben worden sind. (Windows versetzt uns dazu auch heute wieder in die Lage).

Nun zur Vorgehensweise:

Die aggressive Phase:

**Phase 1:** • Ein Thema wird kontrovers diskutiert bis debattiert, um *krea-* **Energie** *tive Energie freizusetzen* und um energetisches Potenzial ab- **freisetzen** zulassen. Zum Beispiel: *»Was stört uns an unseren Sitzungen?«* Für diese Phase sollten Sie sich doch zwischen 15 und 30 Minuten Zeit nehmen.

**Die These** • Man einigt sich auf eine *These*: *»Sitzungen werden erfolgreich dann, wenn …«*

**Die** • Man *definiert* die zentralen Begriffe der These: Hier wird **Definitionen** man sich einigen müssen, was alle unter einer Sitzung verstehen, ob zum Beispiel dazu auch Präsentationen zählen oder eher auszuschließen sind; und es ist zu definieren, was unter »erfolgreich« fällt. Eventuell wird man sich darauf einigen, dass man statt »erfolgreich« einen anderen Begriff einsetzt, zum Beispiel *effizient,* wissend, dass Effizienz gemessen wird an der Relation Input : Output, also mit einem Minimum an Aufwand ein Maximum an Ertrag erwirtschaf-

124

ten. Die physikalisch Gebildeten werden hier ergänzen können, dass wir so bei der Definition von Leistung (= Arbeit pro Zeiteinheit) angekommen sind. Es ist also in einem kreativen Prozess eine Einigung darauf notwendig, in welchem Sprachspiel wir den Begriff ansiedeln; hier werden wir uns einigen auf das ökonomische Sprachspiel und nicht auf ein physikalisches. Eine zweite Möglichkeit wäre auch die Umformulierung der These: »*Sitzungen werden effizient dann, wenn …*«

Die kreative Phase:

- Jeder der Teilnehmer generiert für sich Argumente, also Bedingungen, für die Erfüllung der These. Eine Bedingung sollte mit einer Formulierung von zirka sieben Wörtern als Obergrenze das Auslangen finden.

  **Phase 2: Argumente bilden**

  > Alles, was überhaupt gesagt werden kann,
  > kann kurz gesagt werden.
  > *Ludwig von Wittgenstein*

  **Kurz und klar**

- Der Moderator fragt nun diese Bedingungen reihum ab. Es darf also nicht so sein, dass der Erste in der Runde alle seine Argumente vortragen darf, so auch nicht der Zweite etc. Dadurch soll Einfluss oder Herrschaft durch Quantität der Beiträge vermieden werden. Der Moderator sammelt die Beiträge sichtbar auf einer Pinnwand.

  **Sammeln der Argumente**

- Die Begriffe in den Bedingungen werden auf *verstanden* überprüft. Die auftauchenden unklaren Begriffe werden definiert. Es geht also – in dieser Phase – nicht darum, ob wir mit dem Beitrag einverstanden sind. Übrigens auch in keiner späteren Phase. So würde man rasch wieder in die Kampfmuster verfallen, die ja strukturell lahmzulegen sind.

  **Haben alle verstanden?**

  > Verstanden heißt nicht einverstanden sein.

- Wiederkehrende, redundante Bedingungen werden mit Zustimmung des Verfassers ausgeschieden. Die Teilnehmer werden aufgefordert, ihre Argumente selbst auf Wiederholungen zu prüfen und, wenn erkannt, selbst zu eliminieren. Die Zeitersparnis ist die geistige Mühe wert. Und wir erken-

  **Wiederholungen ausscheiden**

  **Weg mit den Zeitfressern**

nen, wie viele Wiederholungen von Argumenten in üblichen Sitzungen uns die Zeit »stehlen«. Es verzichtet also jeder in der Sitzung, zu allen bereits Bekanntem »seinen Senf dazuzugeben«.

**Phase 3:**
**Die analy-**
**tische Phase**
Die analytische Phase:

- Wir prüfen den Charakter der Bedingungen auf notwendig, hinreichend, nützlich.

**Nicht Pro**
**sondern nur**
**Contra**
Meint jemand, dass eine Bedingung, die von den anderen als notwendig klassifiziert wird, nur nützlich sei, so hat er die Aufgabe, *ein* Beispiel aus der Erfahrung zu finden, das beweist, dass die These erfüllt ist, obwohl die Bedingung nicht erfüllt ist.

**Geht's auch**
**ohne?**
Man kann sich fragen: »Geht's auch ohne?« Es geht also nicht darum, dass die Befürworter für die Qualität »notwendig« Gründe finden, die dafür sprechen, was in einer herkömmlichen Diskussion geschehen würde. Wir arbeiten mit:

Falsifikation statt Verifikation.

Gerade diese Spielart erspart uns eine Unmenge an Zeit und an Energie, die in Diskussionen und Debatten ja üblicherweise für das Überzeugen, das Verifizieren, das Bestätigen aufgewendet wird.

**E i n**
**Sprachspiel?**
- Wir prüfen, ob alle Bedingungen im selben Sprachspiel oder Kontext spielen. Handelt eine Bedingung zum Beispiel in einem medizinischen, eine andere in einem ökonomischen Kontext, so handelt es sich um zwei verschiedene Themen, die in getrennten Fahnen zu behandeln sind.

**Russische**
**Puppen?**
- Wir prüfen auf *Implikate,* was nichts anderes bedeutet, als dass wir nach »russischen Puppen« suchen, wo ja eine oder mehrere in anderen verborgen sind. Eine Bedingung ist in einer anderen impliziert, also enthalten, wenn die Erfüllung der einen die Erfüllung der anderen voraussetzt. Die enthaltene Bedingung wird eliminiert. Auch hierin finden wir einen Indikator, weshalb »normale« Sitzungen zu lange dauern und ineffizient sind.

**Ist es**
**erfüllbar?**
- Wir prüfen nun schlussendlich noch, ob die Bedingungen erfüllt oder mit vernünftigem Aufwand erfüllt werden können.

126

Zur Veranschaulichung der Qualität von Lösungen durch Fah- Beispiel 1
nen möchte ich Ihnen zwei Listen von Bedingungskatalogen
geben.

These: In Arbeitssitzungen werden Probleme optimal gelöst nur
dann, wenn …

* das Thema allen vorweg bekannt ist,
* der Zeitrahmen gegeben ist,
* das Sitzungsziel definiert ist,
* die Tagesordnungspunkte allen bekannt sind,
* Fachkompetente Mitarbeiter teilnehmen,
* alle Teilnehmer vorbereitet sind,
* die herrschaftsfreie Fahnentechnik von einem geschulten Moderator moderiert wird,
* die Bedingungsliste in eine Präferenzliste übergeleitet wird,
* eine To-do-Liste (Maßnahmenkatalog) aus der Fahne erarbeitet wird.

Beispiel 2

These (entnommen aus »Kommunikation für Manager«):
*Selbstverwirklichung ist nur dann biophil, wenn …*
(Definition von Selbstverwirklichung: ein ethisches Bedürfnis,
die eigenen Begabungen und Fähigkeiten zu eigenem und
fremdem Nutzen zu entfalten.
Definition von biophil: Eine Handlung ist biophil, wenn sie
eigenes oder anderes Leben eher mehrt denn mindert.)

* Schaden anderer weder gewollt noch ohne verantwortete Güterabwägung in Kauf genommen wird,
* über personale Freiheit verfügt wird,
* sie von realistischer Selbsterkenntnis getragen wird,
* es zu einer positiven Selbstannahme des so erkannten Selbst kommt,
* sie von einer sittlich orientierten Person angestrebt wird,
* sie zu biophilem Handeln motiviert,
* das Selbst zureichend reif ist.

Als Definitionen werden angeboten:
Personale Freiheit ist von systemischer zu unterscheiden. Personale Freiheit bezeichnet die Fähigkeit eines Menschen, sein Le-

ben selbst verantwortet zu gestalten. Selbsterkenntnis meint die Erkenntnis der bewusstseinsfähigen Anteile des Selbst. Sie beinhaltet eine möglichst unverstellte Erkenntnis der eigenen Fähigkeiten und deren Grenzen. Eine möglichst realitätsdichte Selbsterkenntnis ist die entscheidende Voraussetzung für eine realitätsdichte Entfaltung sozialer Performance. Das Mühen um eine solche Selbsterkenntnis ist eine wichtige Voraussetzung (eine notwendige Bedingung) für legitimiertes Führen.

Sittlich orientiert nennen wir eine Persönlichkeit, die ihre handlungsleitenden Werte rational verantwortet übernommen hat und ernsthaft versucht, ihr Leben danach einzurichten.

Nicht verhehlen möchte ich Ihnen einen gravierenden Nachteil der Technik des Diskurses: Durch das »Umlenken« emotionaler Energien in rationale wird die Fahnenbildung von einigen Menschen als lange dauernd wahrgenommen. Logisch veranlagte und interessierte Menschen hingegen finden sie meist spannend und kurzweilig. Gegen die Wahrnehmung, dass eine Fahne lange dauert, empfiehlt es sich, die Zeit zu erfassen und somit die Effizienz dieser effizientesten aller rationalen Teamlösungsmethoden zu verdeutlichen. Meine bisherige Erfahrung zeigt, dass diese Objektivierung von Diskursen gegenüber kampfdialektischen Methoden auch bei Menschen, die lieber diskutieren oder debattieren wollten, dazu führte, dass sie von der »Rentabilität« der Fahne überzeugt wurden. In der Gegenüberstellung der Techniken des Überzeugens, wie Diskussion, Debatte, Rhetorik, Argumentieren, und der Technik des rationalen Diskurses erkennen wir:

> Überzeugen schließt Problemelösen aus.
> Gelöste Probleme hingegen überzeugen.

**Grundmuster 21**
*Grundmuster 21, auf das wir uns verlassen können: Wir werden alles Wissen aus uns rausholen, wenn wir unsere Energien auf das zu lösende Problem zentrieren, wir rational nach den Bedingungen suchen, ohne die die Lösung nicht geht, und wenn wir so Herrschaft strukturell lahmlegen.*

128

# Ein Bauplan für ein Kraftfeld nach Antoine de Saint-Exupéry

»Verdammt! All diese Bretter, Nägel, Tücher, und all das Werkzeug! Was wird das wohl wieder für eine Wahnsinnsarbeit! Was haben sich die da oben da nur wieder einfallen lassen!«, zeigt eine der genervten Reaktionen eines Arbeiters in einer Schiffswerft, der offensichtlich den Sinn seiner Arbeit nicht erkennen kann.

Da betritt Antoine de Saint-Exupéry die Bühne des Managements. Zwar »nur« von adeligem Stand, trotzdem ausgestattet mit dem Gespür, wie man erreichen kann, dass andere die Arbeit machen, und das auch noch gerne!

Und er hält seine epochale Ansprache:

Männer, seht ihr da draußen die Weite des Meeres? Könnt ihr erahnen, was hinter dem Horizont auf den wartet, der diesen überschreitet? Erinnert ihr euch an Columbus, der mit seinem Sohn am Strand gesessen hat, und die beiden gesehen haben, dass ein Schiff am Horizont verschwand, gleichsam über den Rand des Tellers gefallen ist? Und erinnert ihr euch daran, dass es ihm gelungen ist, die Königin Spaniens davon zu überzeugen, ihm eine Flotte zur Verfügung zu stellen, um über diesen Tellerrand hinaus gegen Indien zu segeln? Um Reichtümer ungeahnten Ausmaßes »heim ins Reich« zu bringen? Könnt ihr die Kraft seiner Sehnsucht nachempfinden, die sich in ihm breit gemacht hat, die ihn durchdrungen hat, die begleitet worden ist von dem starken, unbeirrbaren Glauben, dass dieser Weg gegen Westen der richtige ist. Dieser Glaube, der ihn beflügelte und der ihn stärkte, selbst im Zeitalter der Inquisition nicht nur persönlich für seine Gedanken einzustehen, sondern all seine Widerstandsenergie zu aktivieren gegen all die stubenhockenden, gelehrten Besserwisser und Bedenkenträger. Wollt ihr jenen folgen oder ihm auf die Weite des Meeres?«

Die bekannte Lehre aus dieser Rede Exupérys:

»Möchtest du, dass Menschen ein Schiff bauen,
so gib ihnen nicht Bretter, Nägel und Tücher,
sondern erwecke in ihnen die Sehnsucht
nach dem offenen weiten Meer!«

Friedrich Nietzsche quittierte von oben augenzwinkernd, dass wieder einer – von allzu wenigen – seinem Gedanken vertraute: Wer das Wozu kennt, ist bereit zu fast jedem Wie. Und Nietzsche spürte wohl auch, dass Exupérys »Motivationsslogan« in der Nachwelt mehr Nachklang erreichen wird als sein kurz gefasster brillanter Aphorismus.

Exupéry und Nietzsche verdanken wir die Baupläne für eine Vision. Nicht wenige verwechseln dennoch noch immer Ziele und Visionen, zu viele leugnen noch immer die Notwendigkeit von Visionen. »Wer Visionen hat, gehört ins Krankenhaus«, meinte ein österreichischer Bundeskanzler, dessen Zeit an der Macht wohl als die »Dekade der großen Versäumnisse« mangels Vision in die Geschichte eingehen wird.
Wenn ein Seefahrer mit seinem Schiff den Ozean überqueren will, um ein Ziel zu erreichen, so benötigt er neben einem Schiff einen klar errechneten Kurs, einen Weg. Irgendwann wird er von diesem Weg abkommen, und er muss seinen Standort bestimmen, um den neuen Kurs zu errechnen. Zu Zeiten, als es noch kein GPS gab, das uns nun die Orientierung mittels Satellitenpeilung gibt, verwendeten die Kapitäne Sextanten, die sie auf einen Fixstern, zum Beispiel die Sonne, richteten. Die Sonne erfüllt dieselben Aufgaben, die auch eine Vision erfüllt: Sie gibt uns Orientierung, sie spendet Energie in Form von Licht und Wärme, sie gibt uns das Leben, und sie entwickelt die nötige Anziehungskraft, damit unser Planet nicht vom Kurs abkommt.
All das bewirkt auch eine Vision, »damit wir nicht ins Krankenhaus müssen, Herr Exbundeskanzler!«.

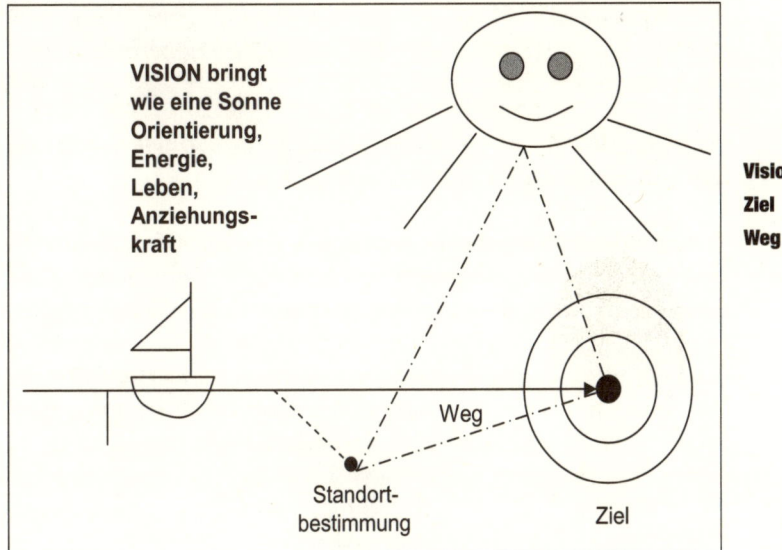

VISION bringt
wie eine Sonne
Orientierung,
Energie,
Leben,
Anziehungs-
kraft

Vision
Ziel
Weg

Weg

Standort-
bestimmung

Ziel

Grundmuster 22, auf das wir uns verlassen können: Wir kommen sicher ans Ziel, wenn wir uns an etwas Übergeordnetem
orientieren.

Grund-
muster 22

## 22 Grundmuster, auf die wir uns verlassen können

*Grundmuster 1: Einfachheit kommt durch Entscheiden – Ent-
scheiden bedeutet die bewusste Bejahung eines Verzichts.*

*Grundmuster 2: Niemand bleibt klein, der Vertrauen in seine
Entwicklung erfährt.*

*Grundmuster 3: In dem Maße, in dem wir uns dem Leben stel-
len, wächst unsere Sicherheit.*

*Grundmuster 4: Wer seine Emotionen beherrschen kann, kann
andere führen.*

*Grundmuster 5: Es geht uns gut, wenn wir Regeln, die für uns gut sind, gemeinsam durch die Kraft des Wiederholens verinnerlichen.*

*Grundmuster 6: Wir erleben Freude an der Arbeit, wenn wir sinnvoll, miteinander und maßvoll arbeiten.*

*Grundmuster 7: Wir erfahren den Sinn unserer Arbeit, wenn sie beiträgt zu unserer inneren Freiheit, wenn wir uns in ihr selbst begegnen und wenn wir fühlen, dass wir anderen nützlich sind.*

*Grundmuster 8: Wir werden professionell gemeinsam Probleme lösen, wenn wir es schaffen, miteinander zu kämpfen statt gegeneinander, selbst wenn wir einander nicht mögen.*

*Grundmuster 9: Es wird uns gut tun, wenn wir in unsere Arbeit das rechte Maß und in unsere Zeit Rhythmus bringen.*

*Grundmuster 10: Wir schaffen die Spannung für Neues, wenn wir ausgehend von Bewährtem für den notwendigen Wandel sorgen.*

*Grundmuster 11: Wir vermehren das Wichtigste für uns Menschen, unser Selbstwertgefühl, wenn wir einander Aufmerksamkeit und Achtung schenken.*

*Grundmuster 12: Wir erzeugen Vertrauen, wenn wir zu den Menschen ein ausgewogenes Verhältnis von Nähe und Distanz pflegen, ihnen in die Augen sehen, ihnen geduldig und genau zuhören und wenn wir ihnen zeigen, dass das, was sie uns sagen, für uns wichtig ist.*

*Grundmuster 13: Wir sind menschlich, wenn wir vermeiden, Phantombilder zu schaffen.*

*Grundmuster 14: Menschen bleiben klein, wenn wir sie klein sehen.*

*Grundmuster 15: Menschen werden groß, wenn wir sie groß sehen.*

*Grundmuster 16: Wir wecken kreative Energien, wenn wir angstfrei miteinander umgehen.*

*Grundmuster 17: Wenn es uns gelingt, destruktive Emotionen abzuziehen, können wir aus Konflikten sachliche Meinungsverschiedenheiten machen.*

*Grundmuster 18: Klare Ziele reduzieren Konflikte. Erreichte Ziele stärken unser Selbstwertgefühl.*

*Grundmuster 19: Schlampige Ziele sind eine der Hauptquellen für Frustration.*

*Grundmuster 20: Wenn wir es schaffen, die uns verliehene Macht zu gebrauchen statt zu missbrauchen, werden uns die Menschen freiwillig folgen.*

*Grundmuster 21: Wir werden alles Wissen aus uns rausholen, wenn wir unsere Energien auf das zu lösende Problem zentrieren, wenn wir rational nach den Bedingungen suchen, ohne die die Lösung nicht geht, und wenn wir so Herrschaft strukturell lahmlegen.*

*Grundmuster 22: Wir kommen sicher ans Ziel, wenn wir uns an etwas Übergeordnetem orientieren.*

# Zwölf Leitgedanken für ein sozial gesundes Miteinander

Die Arbeit an der Kultur von Unternehmen hat mich während der letzten zwölf Jahre mit wertvollen Gedanken beschenkt. Hunderte, wenn nicht Tausende von Workshopteilnehmer und -teilnehmerinnen haben ihre Wünsche und Werte auf die üblichen Karten geschrieben, aus denen sodann die Leitbilder ihres Unternehmens entstanden sind. Wunderbare Beispiele für die Absicht und die Erwartung der Menschen für ein besseres Miteinanderumgehen. Aus zwölf Leitbildern österreichischer, deutscher, französischer und internationaler Unternehmen mit Dutzenden Leitsätzen habe ich die folgenden zwei mal zwölf Sätze herausgeschält, die die Essenz des Wollens dieser Menschen repräsentieren. Sie haben auch die Basis gelegt für die 22 Grundmuster dieses Buches.

---

Ein »Destillat« aus Leitbildern von zwölf Unternehmen für ein sozial gesundes Miteinander:

o Unsere Arbeit machen wir mit Freude, weil wir sie mit Sinn erfüllen, weil wir miteinander arbeiten und weil wir auf das rechte Maß achten.
o Wir sind aufmerksam für die Bedürfnisse des Einzelnen, wir schenken uns gegenseitig Achtung, und wir nehmen Rücksicht auf die zu Fördernden.
o Wir wollen nur verantwortungsbewusst über Menschen in deren Abwesenheit sprechen.
o Für persönliche Gespräche verpflichten wir uns zum Vieraugenprinzip.
o Wir hören geduldig und aufmerksam zu.
o Wir nehmen uns Zeit für berufliche, aber auch für private Gespräche.
o Wir stärken das Selbstwertgefühl durch gegenseitige Anerkennung.
o Um uns selbst zu entwickeln, sind wir offen für Kritik.
o Eigene Fehler gestehen wir ein – aus Fehlern lernen wir.
o Meinungsverschiedenheiten und Konflikte lösen wir so schnell wie möglich auf.
o Wir wollen das Gemeinsame über das Trennende stellen.
o Was wir vereinbaren, halten wir.

---

Würden wir uns an diese Regeln halten, würde mindestens die Hälfte all unserer Probleme mit einem Schlag verschwinden.

134

# Zehn Leitgedanken für die Balance zwischen Selbstständigkeit und Teamgeist

Ein »Destillat« aus Leitbildern von zwölf Unternehmen für das Gleichgewicht von Autonomie und Solidarität, von Eigensteuerung und Einordnung in ein gemeinsames Ganzes, von Selbstständigkeit und Team:

o Unsere gemeinsamen Ziele erreichen wir in engagierter Zusammenarbeit.
o Durch klar definierte Spielregeln und Aufgaben geben wir einander Orientierung.
o Wir unterstützen die Eigenverantwortung jedes Einzelnen.
o Probleme lösen wir vorrangig dort, wo sie entstehen.
o Getroffene Entscheidungen tragen wir solidarisch mit.
o Vertrauensverhältnisse zu anderen Bereichen aufzubauen ist uns wichtig.
o Wir helfen Organisationsgrenzen verantwortungsbewusst zu überbrücken.
o Widerständen begegnen wir konstruktiv.
o Konkurrenz und Kooperation balancieren wir leistungs- und lebensfördernd aus.
o Durch das Zusammenspiel von Innovation und Beständigkeit sichern wir unseren Erfolg.

# Unternehmenskulturarbeit – was wir tun, damit es uns gut geht

## Die Phasen erfolgreicher Kulturarbeit

Die Arbeit in mehreren Dutzend deutschen, österreichischen und Schweizer Unternehmen aller Branchen des Profit- und Nonprofitbereichs während der letzten zehn Jahre hat uns zu einem bewährten Grundmuster der Unternehmenskulturarbeit in sechs Phasen geführt. Dieses Grundmuster erlaubt uns auch, situativ und »à la carte« auf spezifische Problemlagen einzugehen, um jedoch den roten Faden in unserer Arbeit wieder aufzunehmen. Sie sehen drei Diagnosephasen, in die drei Phasen zur Orientierung, zum Training und zur Integration eingefügt werden.

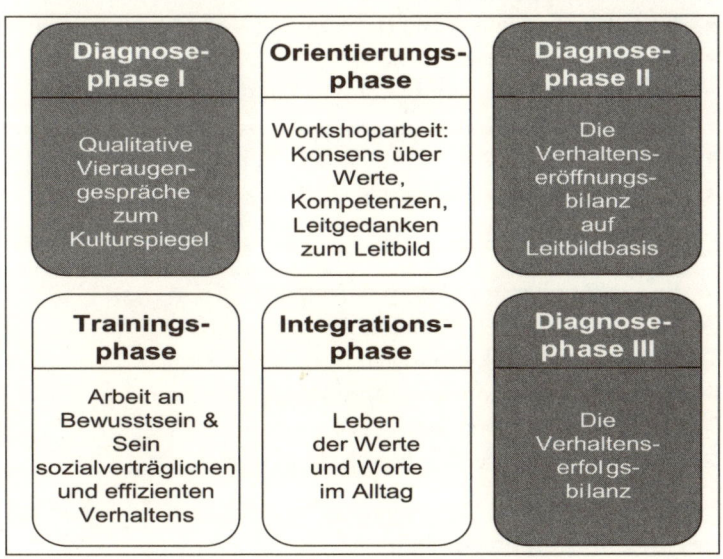

| Diagnose-phase I | Orientierungs-phase | Diagnose-phase II |
|---|---|---|
| Qualitative Vieraugen-gespräche zum Kulturspiegel | Workshoparbeit: Konsens über Werte, Kompetenzen, Leitgedanken zum Leitbild | Die Verhaltens-eröffnungs-bilanz auf Leitbildbasis |
| **Trainings-phase** | **Integrations-phase** | **Diagnose-phase III** |
| Arbeit an Bewusstsein & Sein sozialverträglichen und effizienten Verhaltens | Leben der Werte und Worte im Alltag | Die Verhaltens-erfolgs-bilanz |

# Diagnose 1: Der Kulturspiegel

**Diagnosephase 1: Der Kulturspiegel**

In der Diagnosephase werden Vieraugengespräche mit Menschen aus allen Schichten des Unternehmens geführt, um einen Kulturspiegel zu erheben. Wir legen Wert auf den Begriff *Gespräche* statt Interviews, wenn auch diesen Gesprächen ein Leitfaden zugrunde liegt. Um jedoch den vertraulichen Charakter des Gesprächs zu gewährleisten, verzichten wir auf einen »Interview-Fragebogen«. Die Voraussetzung dafür ist, dass derjenige, der die Gespräche führt, auswendig auf seine Fragen zugreifen kann, wodurch es ihm auch möglich wird, von seinem Leitfaden ab- und auf die Interessen des »Auskunftpartners« einzugehen.

Wenn wir unter Unternehmenskultur (abgeleitet vom Lateinischen »colere, pflegen«) all das verstehen, was wir an – außerökonomischen – Werten besonders pflegen, also unsere Verhaltensweisen, Gewohnheiten, Rituale, Führungssystematiken, so wollen wir bei diesen Gesprächen erheben:

**Der Gesprächsfokus**

- die trennenden und gemeinsamen Werte,
- die geeigneten und ungeeigneten Gewohnheiten,
- nicht bedachte Selbstverständlichkeiten,
- das Führungsdenken und das Führungsverhalten,
- die Teamorientierung,
- die Dienstleistungsmentalität und Kundenorientierung,
- die Identifikationsfaktoren mit dem System,
- systemische Ursachen für Befindlichkeiten,
- den notwendigen Änderungsbedarf.

**Sinn und Zweck der Kulturdiagnose**

Diese Gespräche sollen

- ➤ die Kraftquellen im System aufzeigen,
- ➤ die psychosozialen Störfaktoren entdecken,
- ➤ die Ursachen für Reibungsverluste aufdecken,
- ➤ Klarheit durch Komplexitätsreduktion erreichen,
- ➤ zur Bildung von Vertrauen beitragen sowie
- ➤ durch Zuhören psychisch entlastend wirken.

**Die Erhebungsfelder**

In den vertraulichen Vieraugengesprächen über alle Schichten des Systems werden erhoben:

138

- *Die Identitätsstiftenden Faktoren*
  Wer oder was begründet Identifikation und Identität?
  Was verhindert Identifikation und Identitätsbildung?
- *Die Motivation*
  Was erhöht die Freude an der Arbeit und am Unternehmen?
  Was vermindert die Freude nachhaltig?
- *Das Führungsverhalten*
  Wie erzielen die Führenden zielorientierte Gefolgschaft?
  Wodurch werden die Kräfte zerstreut und geschwächt?
- *Die Konfliktkultur*
  Werden Spannungsfelder schnell erkannt und besprochen?
  Werden Glutnester und Energieräuber lange geduldet?
- *Die Dienstleistungsqualität*
  Steht der Kundennutzen im Zentrum des Interesses?
  Haben interne Angelegenheiten Vorrang?
- *Die soziale Geborgenheit*
  Wodurch wird ein Wirgefühl erreicht?
  Was verstärkt Trennendes statt Gemeinsames?
- *Die Entscheidungssicherheit*
  Wo, durch wen und wie werden Entscheidungen getroffen?
  Was führt zu unnötiger Verzögerung?
- *Die Veränderungsbereitschaft*
  Wie wird der Wille zu Neuem aktiviert?
  Was führt zum Bewahren von Ineffizientem?

## Die gemeinsamen Werte gemeinsam erarbeiten

Um die Werte für das Unternehmen zu erarbeiten – also das, was für alle wichtig ist –, stellen wir den Teilnehmern die folgenden Leitbildfragen:

*Die Orientierungsphase*

- Was sind die wesentlichen Punkte in Ihrer grundsätzlichen Einstellung zum Mitarbeiter, zu den Kolleginnen und Kollegen?

*Menschenbild*

- Was müssen wir erfüllen, damit die Kunden mit unserer Dienstleistung zufrieden sind?

*Kundenorientierung*

139

• Was sind die notwendigen Fähigkeiten der Führungskräfte, damit die Werte des Leitbildes durch das Wirken der Mitarbeiter am Markt sichtbar werden?

• Wer sind wir im Jahr 20xx?

Zusätzlich zu dem »Abholen dessen, was den Menschen in allen Schichten des Unternehmens wichtig ist« ist es notwendig, den Menschen Orientierungsangebote zu machen. Die Inhalte dieses Buches werden in die »Orientierungs«-Workshops eingebracht. Die tragende Arbeit der Workshopteilnehmer wird auf der Basis des im Folgenden dargestellten Modells der »Kulturtreppe« gemacht.

## Was mit uns geschieht, wenn sich alles ändert

**Veränderung**

Immer dann, wenn in einem Unternehmen Veränderungen aktiv gestaltet werden oder passiv sich ereignen, werden die Menschen im System durch ein Gefühl von Unsicherheit ergriffen, egal ob Manager/-innen, Führungskräfte oder Mitarbeiter/-innen.

**Unsicherheit
greift um sich**

**Von der
Ordnung zur
Unordnung**

**Die Hoch-
schaubahn
der Gefühle**

140

Die aktiv den Veränderungsprozessen gestaltenden Kräfte ent-
werfen entsprechende Konzepte und werden nicht selten von
Aufbruchstimmung erfüllt, die mitunter den Grad von Euphorie
erreicht.

**Konzept-
euphorie**

Die Umsetzung beginnt, die ersten Schritte werden getan, man
stolpert, strauchelt, fällt hin. Die ersten Irrtümer und Fehler passieren. Sie müssen geschehen, wie sie immer geschehen, wenn
man neue Wege beschreitet. Frustration der anfänglich vom
Veränderungskonzept Begeisterten ist die Folge. Konflikte bre-
chen aus, in den Menschen, zwischen den Menschen, zwischen Organisationseinheiten.

**Neue Wege**

**Fehler**

**Frustration
Ausbruch von
Konflikten**

Mitarbeiter/-innen, die diesen Prozess aus ihrer Grundstim-
mung der Verunsicherung beobachten, erfahren so eine Verstärkung ihrer Verunsicherung. Sie antworten mit Widerstand.

**Verborgener
und offener
Widerstand**

Die Führungskräfte, bereits selbst verunsichert, nun noch mit
externem Widerstand konfrontiert, wählen Gewalt, um das Be-
gonnene durchzusetzen. Die Spirale von Gewalt und Widerstand beginnt sich zu drehen.

**Im Notfall mit
Gewalt**

Die Mitarbeiter/-innen suchen nach psychischer und sozialer
Entlastung und finden sie in einer Vision, diesmal in einer
nostalgischen Variante. Der Blick zurück bringt rückwärtsge-
wandte Geborgenheit: »Erinnert ihr euch noch, wie es damals
war, als …?«

**Nostalgische
Vision**

Ist der Blick in die Vergangenheit einmal erfolgt und sieht man
das Wohl im Verklären von ehemaligen Strukturen, Prozessen,
Strategien und Menschen, so ist der Misserfolg, das Scheitern
des Projekts, der Untergang des Unternehmens nicht mehr
fern.

**Verklärung
vor Scheitern**

## Kulturarbeit als Gegenkraft:
## Vom freien Spiel der Kräfte zum Kraftfeld

Jede Entwicklung strebt – sich selbst überlassen – von der Ordnung dem Chaos zu. Das wissen wir, seit wir den zweiten Lehrsatz der Thermodynamik verstanden haben: Ordnung führt zur Unordnung.

What is life? Erwin Schrödinger, der Nobelpreisträger für Physik, drückte es in seinem 1943 im englischen Exil geschriebenen kleinen Büchlein »What is life?« so aus: Die Tendenz des Universums weist von der Ordnung zur Unordnung, zum Chaos hin; Leben ist das, was dieser Tendenz entgegenarbeitet. Leben bedeutet somit gegen den Strom aufwärts schwimmen, aus Unordnung Ordnung schaffen.

Unternehmenskulturarbeit muss dieser These und diesem Anspruch, Leben zu erhalten und zu gestalten, genügen – Leben in all seinen Dimensionen: der physischen, psychischen, sozialen, intellektuellen, spirituellen, musischen Dimension.

Unternehmenskulturarbeit hat die zentrale Aufgabe, dieser »Hochschaubahn der Gefühle« von der Unsicherheit über die Euphorie zur Frustration, zum darauf folgenden Widerstand, dem Ausbruch von Gewalt über die nostalgische Vision bis zum Misserfolg, konkrete Maßnahmen entgegenzusetzen.

Die Grundmuster umsetzen, damit es uns gut geht: Die in diesem Buch beschriebenen »Grundmuster, wie wir erfolgreich und gut miteinander umgehen können« wollen wir in bewährter Workshoparbeit nun ins »Bewusstsein und Sein«, also ins Denken und Tun, bringen.

Einzelne Teams werden mit den im Folgenden dargestellten Problemlagen konfrontiert, um konkrete Verhaltensmuster und Regeln für den betrieblichen Alltag zu erarbeiten. Um das »Anschwellen« destruktiver Energie zu verdeutlichen, stellen wir uns vor, wir setzen ganz oben auf dieser Hochschaubahn eine Eisenkugel unter die Plattform der Veränderung. Sie beginnt zu rollen und kinetische Energie anzusammeln, die umso zunimmt, je weiter diese Kugel nach unten rollt. Unsere Arbeit ist nun, »Mauern« zu errichten, um dies zu verhindern.

1) Was können wir tun, um entgegenzuwirken, dass sich bei Veränderung Unsicherheit bei den Mitarbeiterinnen und Mitarbeitern breit macht? Die Führungskräfte müssen ihrer vorrangigen Führungsaufgabe nachkommen, nämlich Vertrauen herzustellen, eine Kultur des Vertrauens zu etablieren. **Vertrauenskultur**

2) Was können wir tun, wenn die Unsicherheit schon ins Unternehmen gekrochen ist und die Führungskräfte nach anfänglicher Konzepteuphorie durch Fehler, nachfolgende Konflikte und Vergeblichkeitserfahrungen auf die Frustration zutreiben? Der Umgang mit Fehlern und Konflikten muss prophylaktisch mental vorbereitet werden. **Konflikt- und Fehlerkultur**

3) Was können wir tun, wenn sich Frustration auf der Seite der Führungskräfte breit macht? Ziele setzen und Informationen geben reduziert unnötige Widerstände auf der Seite der Mitarbeiter. **Informations- und Zielkultur**

4) Was können wir tun, wenn Widerstand sich breit macht und um zu verhindern, dass die Führungskräfte mit Gewalt antworten und mit Zwängen ihre Macht durchsetzen und so missbrauchen? Die Bedingungen für eine konstruktive Machtkultur sind zu erarbeiten. **Machtkultur**

5) Was können wir tun, wenn Gewalt eingesetzt worden ist und die Mitarbeiter sich in die Verklärung der Vergangenheit stürzen? Das Falscheste wäre entgegenzuhalten, dass die Vergangenheit auch nicht so gut gewesen wäre, denn Vergangenes besitzt die Kraft eines Gottes. »Man kann den Gott des Anderen nicht töten.« Deshalb ist die einzige Möglichkeit, dem »vergangenen« Gott einen besseren gegenüberstellen, an die Stelle der nostalgischen Vision eine mit Perspektive zu entwickeln. **Visionskultur**

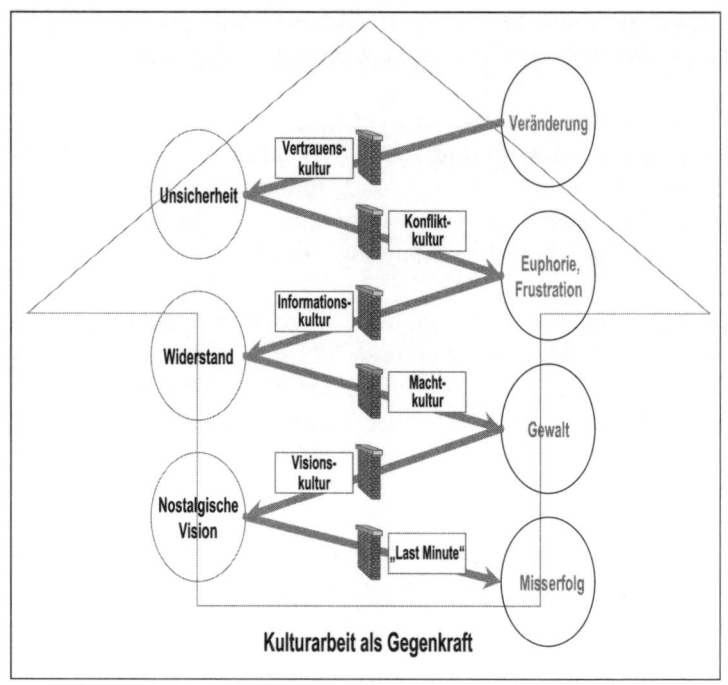

**Die Kultur-Treppe**

Kulturarbeit als Gegenkraft

*»Last Minute«* 6) Was können wir tun, wenn die Vision abhanden gekommen ist und das »tödliche« Ende des Unternehmens oder des Projekts droht? Aus meiner Erfahrung bei einem Unternehmen mit 17 000 Mitarbeitern, das kurz vor seinem Ende stand (der deutsche Bundeskanzler Schröder hat mit einer »Spende« von 100 Millionen DM das Ende um einige Monate verzögert, konnte es jedoch bei einer mit fünf Milliarden DM überwerteten Bilanz auch nicht verhindern), wissen wir, dass hier nur noch »Bewegung und Sauerstoffzufuhr« hilft: Solange ein Radfahrer in Bewegung bleibt, kann er das Rad gerade halten; hört er auf zu treten, fällt er um. Die sinnvolle Bewegung haben wir dadurch erzielt, dass wir dieses Modell der Kulturtreppe zum Aufarbeiten der Unternehmensentwicklung benutzt haben. In Erinnerung wird mir immer bleiben die Begegnung mit einem der Direktoren, der zu Beginn des Kulturworkshops in der Erwartungsrunde sagte: »Ich bin hier zwangsverpflichtet, und das, was wir am wenigsten brauchen, sind zwei Tage Kulturwork-

144

shop. Das Einzige, was ich brauche, Arbeit, Aufträge und Geld
für meine MItarbeiter.« Am Ende der zwei Tage hielt er mit beiden Hände meine rechte und sagte: »Es tut gut, in Zeiten, in
denen man verzweifelt ist, eine Auszeit zu nehmen, um den
Boden wieder zu spüren.«

## Diagnose 2: Wir wollen wissen, wo wir stehen

Ausgehend von den Werten und Regeln des Leitbildes werden – in Übereinstimmung mit diesen – Kompetenzen abgeleitet. Diese sind die Grundlage für einen nun zu erarbeitenden
Maßstab, der an das Verhalten der Mitarbeiter aller Stufen des
Unternehmens angelegt wird.
Pro Kompetenz werden weiters aus den Leitbildsätzen Kriteri-
en, also qualitative Unterscheidungsmerkmale, erarbeitet.

**Die Diagnose-
phase 2:
Kompetenzen**

**Kriterien**

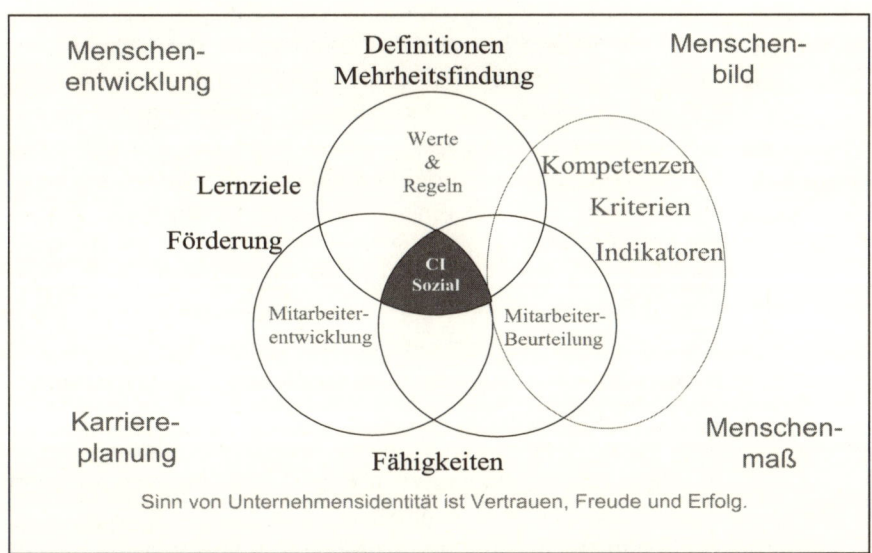

Menschen-
entwicklung

Definitionen
Mehrheitsfindung

Menschen-
bild

Werte
&
Regeln

Lernziele

Kompetenzen

Kriterien

Förderung

Indikatoren

CI
Sozial

Mitarbeiter-
entwicklung

Mitarbeiter-
Beurteilung

Karriere-
planung

Fähigkeiten

Menschen-
maß

Sinn von Unternehmensidentität ist Vertrauen, Freude und Erfolg.

Um es praktisch zu machen: Wenn eine der Kompetenzen die
Kundenorientierung ist, so brauchen wir zur Beurteilung dieser
Kompetenz mehrere Unterscheidungsmerkmale. Eines könnte
für Kundenorientierung die Freundlichkeit sein. Die Frage ist

**Mit unseren
Sinnen
messen**

145

nun jedoch: Wie kann man Freundlichkeit für alle gemeinsam definieren, wie mit Sinnen für alle gerecht erkennbar machen?

Eine gerechte Einstufung bedarf des »Sehens und Hörens« von tatsächlich wahrgenommenen Indikatoren im Alltag.

Diese Stufe der *sinnlichen* Wahrnehmung über Indikatoren ist die entscheidende für einen Maßstab, der über das *theoretische* Denken in Kompetenzen und Kriterien hinausgeht. In Folge werden Übereinstimmungen mit und Abweichungen von den Idealen des Leitbildes festgestellt und zwischen Vorgesetztem und Mitarbeiter besprochen sowie Lernziele für die Förderung und die Entwicklung des Mitarbeiters vereinbart.

Der Grundstein für die weiteren Schritte der Bildung, Ausbildung und Karriereplanung ist gelegt.

## Vom Bewusstsein zum Sein

Der Kern jedes CI-konformen Trainings ist die Übereinstimmung der Trainingseinheiten mit den Werten des Leitbildes.

Um das Verhalten von Menschen zu ändern – und in einem Unternehmenskulturprozess geht es nicht nur um das eines Menschen, sondern um das Verhalten vieler – helfen Trainings alleine nicht viel. Bei einem deutschen Großbetrieb, dessen Führungskräfte im Laufe der Jahre alles, was es an Trainings gibt, genossen haben, stellte mir der Personalchef im »Beraterauswahlverfahren« die Frage: »Was würden Sie tun, damit am Tag nach dem Training eine Veränderung sichtbar wird? Wir haben nämlich genug, die Nase gestrichen voll von Trainings, die nichts bewegen.«

In der Folge fanden alle Trainings nur statt mit Menschen, die im Alltag zusammenarbeiten, also die Umsetzung am nächsten Tag in Angriff nehmen konnten.

Und beim zweiten Training wurden die Teilnehmer mit folgenden Fragen konfrontiert:

1. Was haben Sie vom letzten Training umgesetzt?
2. Wo hatten Sie Erfolg, wo Misserfolg?
3. Wo besteht Handlungsbedarf?

146

a. Bei Ihnen persönlich?
b. Im Team?
c. Im Unternehmen?

Da diese Fragen nicht vorangekündigt wurden, gaben die Teilnehmer nach einigen Minuten zu, dass sie nichts in den sechs Wochen seit dem ersten Training gemacht hätten.

Beim nächsten Mal ging es bereits besser, da sich – nach dem durch die drei Leitbild-Controlling-Fragen erzeugten Leidensdruck – die Teilnehmer »autonom« am Ende des Seminars weitere Umsetzungsschritte vereinbarten.

Es ist gelungen, den ersten Schritt in eine lernende Organisation zu tun.

**Lernende Organisation**

## Diagnose 3: Wir wollen nun wissen, was wir erreicht haben

Ein bis zwei Jahre nach der ersten Diagnose der Leitbildkonformität des Verhaltens – der »Verhaltenseröffnungsbilanz« – wird mit demselben Beurteilungssystem die erste »Verhaltenserfolgsbilanz« erstellt.

**Die Diagnosephase 3: Erfolgsbilanz**

Diese soll der Grundstein sein für einen KVP, einen »kontinuierlichen Veränderungsprozess«. Gleich den ökonomischen Bilanzen, die regelmäßig erstellt werden, werden durch eine derartige Führungssystematik den Mitarbeitern regelmäßige Orientierungspunkte angeboten.

**KVP**

**Systematische Orientierung**

Führungskräfte sind Orientierungsgeber.

# Was wir schützen wollen – wozu Ethik?

»Nahezu alles Böse, was Menschen Menschen antun, geschieht nicht aus Bosheit oder Egoismus, sondern aus einem der folgenden Gründe:

- Menschen wähnen sich im Besitz ewiggültiger Werte, zu deren Beachtung sie auch noch andere verpflichten.
- Menschen sind voll guter Absichten, ohne jedoch über zureichende soziale und ethische Kompetenz zu verfügen.«

*(Rupert Lay SJ)*

Erlauben Sie mir, Sie mit einigen konkreten und praktischen Beispielen zu konfrontieren, um Ihre Sensibilität für Ethik zu schärfen:

Woran orientiert sich ein Manager, der vor die Wahl gestellt wird, den Bestand des Unternehmens zu retten, indem er 3000 Mitarbeiter entlässt, oder diese zu schützen und somit das Unternehmen und Arbeitsplätze für weitere 10 000 zu gefährden? Wie geht er dabei vor? Orientiert er sich nur an ökonomischen Kennziffern und Modellen oder kann er auch auf ethische Prinzipien zurückgreifen? **Ethik für Manager**

Oder: Sie kennen die Bilder der Kinder Goebbels in ihren weißen Kleidchen, tot auf einem Rasen aufgereiht. Würden Sie meinen, dass Frau Goebbels ethisch gut gehandelt hat, als sie entschieden hat, nicht das Angebot anzunehmen, mit ihren Kindern aus dem von der Roten Armee umzingelten Berlin auszufliegen, und das mit der Begründung: Meine Kinder waren für das deutsche Volk bestimmt. **Faschismus Frau Goebbels**

Oder: Würden Sie meinen, dass der Jesuitenpater Rupert Lay ethisch gut gehandelt hat, als er bei einer Gesellschafterver- **Urteilen und verurteilen**

149

sammlung auf die Frage des Vorstandsvorsitzenden »Finden Sie, dass Adolf Hitler böse war?!« sagte: »Es steht mir nicht zu, das zu beurteilen.« Und auf die ergänzende Frage »Finden Sie, dass Saddam Hussein böse war?!« ebenso antwortete.

Welche Ethiken mögen hinter dem Verhalten von Frau Goebbels oder dem des Jesuitenpaters stehen?

**Ein Jesuit als Herr über Leben und Tod** Oder: Stellen Sie sich einmal vor, Sie würden als Christ im Kriegseinsatz gegen Partisanen einem Exekutionskommando zugeteilt werden. Und Ihr Offizier stellt Sie vor folgende Wahl: Wenn Sie bereit sind, einen der zehn zu Exekutierenden eigenhändig zu erschießen, so werden die neun anderen freigehen. Wenn nicht, dann werden alle zehn erschossen. Was wäre Ihre pragmatische, was Ihre ethisch verantwortete Entscheidung? Vor dieses Dilemma ist im letzten Weltkrieg ein junger angehender Priester gestellt worden. Er hat seine Entscheidung aufgrund seines christlich-ethischen Wertesystems getroffen, das ihm verbietet, einen Menschen zu töten.

**Böse oder gut** Ich möchte Ihnen einen gedanklichen Weg zu den Entscheidungen in den vier extremen Beispielen anbieten: Wollen wir das Böse vermeiden und das Gute erreichen, müssen wir uns in **Das oberste** einem Gemeinwesen in unserem Denken und Tun nach dem **zu schützende** ausrichten, was wir gemeinsam als oberstes zu schützendes **Gut** Gut anerkennen.

Dieses zu definieren ist Aufgabe der Ethik. Sie klärt das Wozu unserer Gesinnungen und Handlungen.

Und sie hilft uns zu unterscheiden zwischen Gut und Böse. Die Ethik hilft uns entscheiden, ob Frau Goebbels, Adolf Hitler, Saddam Hussein böse oder gut gehandelt haben?

Was können nun die obersten ethischen Güter eines Managers, einer Frau Goebbels, eines Jesuiten Lay oder eines christlichen Soldaten sein?

**Die Würde** Wollen wir mit dem Manager beginnen und annehmen, es handle sich bei ihm um einen deutschen Bürger. »*Die Würde des Menschen ist unantastbar*« steht in Artikel 1,1 des Grundgesetzes der Bundesrepublik Deutschland zu lesen und stellt somit das oberste zu schützende Gut dieser Republik dar.

150

Wenn wir diesen Satz entschlüsseln wollen, so ist es hilfreich, den Ideengeber Immanuel Kant zurate zu ziehen. Als Vorlage für Artikel 1 diente nämlich sein Imperativ: »*Handle so, dass du dich selbst und andere niemals nur als Mittel, sondern immer und gleichzeitig auch als Zweck behandelst.*«

Im Alltag lässt sich dieser Satz schnell und einfach runterbrechen und auch seine Einhaltung leicht beobachten: Werden die Mitarbeiter nur instrumentalisiert und nicht als Mensch behandelt? Wird ihnen die Schließung der Firma lapidar mitgeteilt oder wird ihnen in ihrem Leid geholfen, so wie es ein deutsches Unternehmen bei der Schließung eines Werks in München getan hat? Ein Psychologenteam unterstützt die Betroffenen darin, die traumatischen Phasen zu verstehen und auf zuarbeiten: das Erkennen der Schockphase und der darauf folgenden Aggression. Üblicherweise werden Mitarbeiter darin allein gelassen. Wir durften mit den Schockierten-Aggressiven gemeinsam in eine dritte Phase gehen und deren Trauer aufarbeiten, um danach gemeinsam neue Perspektiven zu erarbeiten. Diese Menschen wurden nicht nur instrumentalisiert, sondern in einer der schwersten Stunden als Menschen behandelt.

Wer hingegen Menschen nur als Mittel (»hire and fire«) behandelt, der ist – zumindest in Deutschland – Verfassungsbrecher. **Verfassungsbrecher** Das oberste Gebot der Bundesrepublik Deutschland ist *die Selbstzwecklichkeit des Menschen.*

Das höchste zu Schützende für einen Christen ist »*das personale Leben*« – auch das des Feindes (»Du sollst deine Feinde **Deine Feinde lieben** lieben«, wie uns in der Bergpredigt gesagt wurde).

Der ethische Imperativ dazu lautet: »*Handle so, dass du dein eigenes und fremdes personales Leben eher mehrst denn minderst.*« Mit personalem Leben ist menschliches Leben in all seinen Dimensionen gemeint: das physische Leben wie das psychische, das soziale wie das individuelle, das musische wie das intellektuelle, das religiöse wie das mystische. Das entsprechende ethische Prinzip ist mit einem Wort Erich Fromms das **Erich Fromm Biophilie** der *Biophilie. Phil* steht für *lieben, Bio* für *Leben.* Ein Mensch, der nach diesem Prinzip seine Handlungen orientiert, ist also einer, der das Leben liebt, achtet, schützt. Es ist ein Prinzip, dessen Befolgung unschwer in den Interaktionen eines Menschen auszumachen ist. Und es ermöglicht einem jeden, seine tägliche *Biophiliebilanz* zu erstellen. So kann – leichter als bei der Würde – eine Annäherung an ein Leben erreicht werden, das den Inhalten der Bergpredigt entspricht, was Sinn und Zweck der Interaktionen eines Unternehmers sein muss, der *human* oder *christlich* in seiner Selbstdefinition trägt.

**Der Staat, nicht die Menschen** Im Faschismus ist der Staat das oberste ethische Gut, den es vor den im Staat lebenden Menschen zu schützen gilt. Frau Goebbels handelte in diesem Sinne ethisch gut. Nicht jedoch nach einer christlichen Ethik oder auch nicht im Sinne der Ethik Kants.

Was hat dieses Beispiel mit Unternehmen zu tun? Manager können sich die Frage stellen, ob der Erhalt des Unternehmens über die darin lebenden Menschen zu stellen ist. In diesem eindimensionalen Sinne wären sie als faschistoid zu bezeichnen. Das oberste Gut eines faschistoiden Unternehmens ist Erhalt und Expansion des Unternehmens, nicht berücksichtigend die Werte, Interessen, Bedürfnisse und Erwartungen seiner Mitarbeiter.

**Braucht Wirtschaft Ethik?** Braucht Wirtschaft Ethik?

»Drei Positionen beherrschen die aktuelle Diskussion. Die Vertreter der Neoklassik vertreten folgende zwei Positionen:

**Schädlich Überflüssig** 1. Wirtschaftsethik ist nicht nur überflüssig, sondern schädlich.

2. Wirtschaftsethik ist zwar nicht schädlich, aber überflüssig.«

*(Rupert Lay)*

Beiden gemeinsam ist also die Ansicht, dass Ethik in der Wirtschaft überflüssig ist. Warum? Weil in einer marktwirtschaftlichen Ordnung die Unternehmen über Konkurrenzmechanismen gezwungen werden sollen, effizient zu produzieren und Gewinne zu erwirtschaften – und sonst nichts. Der Wettbewerb zwinge die Unternehmer schon von außen zu fairem Verhalten gegenüber den Mitarbeitern und der Umwelt. Dieser Wettbewerbsoptimismus ist realitätsabgelöst. Aus Platz- und Trivialitätsgründen verzichten wir auf eine Begründung und Beispiele zur Verdeutlichung.

Die Vertreter einer dritten Position gehen von folgender Überlegung aus: Der Bestand eines Unternehmens hängt nicht nur von seiner Marktposition ab, sondern auch von seinen Mitarbeitern und deren Einstellung zum Unternehmen. Diese Einstellungen sind aber notwendig ethisch zu orientieren und können nicht bloß dem Eigennutz eines Unternehmens entspringen. **Ein dritter Weg**

Menschen wollen Orientierung. **Braucht**
Wer ist heute dazu in der Lage, diese zu geben? **Wirtschaft**
Ist es die Schule, ist es die »Schule der Nation« – das Militär, **Philosophie?** die Religion, die Kirche, das Elternhaus, sind es die Massenmedien oder gar die Politiker? Welche Rolle übernehmen dabei die Konzerne mit ihren Firmenphilosophien, ihren »Visions-Missions-Goals«, ihren mitunter klar definierten und in Leitbilder gegossenen Wertekatalogen? Können politische Parteien und die Kirche mit ihren Programmen da noch mit- und dagegenhalten? Oder wird das Spiel um die Res publica zwischen NGOs, politikverdrossenen politischen Menschen und der Macht der Konzerne gespielt werden? Wo sind die, die »die Weisheit lieben«, die philosophisch denkenden Menschen? Im Wort Philosophie steht *Phil* für lieben, *sophie* für Weisheit. Die so genannten Weisen sind jene, die über ein entwickeltes Lebenswissen verfügen, das sie in Entscheidungssituationen über Normen und Regeln für sich und andere praktisch machen. Philosophen sind die, die das allgemeine Bewusstsein denkend begleiten und zur Sprache bringen.
Wenn Manager, traditionelle Politiker und Mitarbeiter von Kirchen weiterhin im Spiel um die Macht – also die Fähigkeit zu gestalten – spielberechtigt bleiben wollen, werden sie nicht umhinkommen, als sich mit Philosophie und Ethik auseinander zu setzen. Um neben dem »Warum wir etwas tun« – dem meist pragmatischen Auslöser – auch den Sinn und Zweck erklären zu können – das »Wozu wir etwas tun«.

**Geht es nicht auch ohne Ethik?**
Nicht wenige vertreten die Ansicht, dass es doch ganz einfach ausreicht, dass am Ende unserer Taten Gutes herauskommt.

Was haben wir davon, wenn wir – fein durchdacht – Gutes zu tun beabsichtigen, Schlechtes jedoch dabei herauskommt? Man könnte das noch – mit Erich Kästner – verstärken:

»Gut ist das Gegenteil von gut gemeint.«
Dem wird von anderen entgegnet, dass das gute Resultat jedoch, das trotz schlechter Absichten zufällig erreicht worden ist, ethisch auch nicht zu vertreten ist.
Es wird wohl so sein, dass die reine Gesinnung ohne Tun allein nicht ausreicht, wie auch das Handeln ohne Wertegefüge nicht genügt, um festzumachen, was gut ist.
Das ethisch Gute kann also weder vom beabsichtigten Ziel her, wie es eine Gesinnungsethik will, noch vom erreichten, wie es eine Handlungsethik möchte, widerspruchsfrei bestimmt werden.
Das ethisch Gute bedarf wohl eines »Sowohl-als-auch«:
*Das Edle benötigt das Heilige,*
*das Ziel bedarf des obersten zu Schützenden,*
*das »Du sollst« braucht das »Du Musst«,*
*um stabil zu sein.*

Das bedeutet jedoch nicht, dass dem ethisch gut Handelnden stets der angestrebte Erfolg sicher sein könnte. Keine ethische Absicht kann eine Erfolgshaftung übernehmen: »Gut gemeint ist kein Garant für gut.«

**Manager oder Führungskraft**

**Die ethische Differenz**

Ein Angebot zur Unterscheidung von Führung und Management: Diese beiden Begriffe *Management und Führung* werden in Literatur wie Praxis häufig gleichgesetzt. Diese Begriffsidentität wird auch von Professor Malik vom Managemencentrum St. Gallen verwendet. Inhaber anderer Lehrstühle zum Thema Unternehmensführung wie auch eine Vielzahl von Managern, Führungskräften, Unternehmensführern verwenden in wachsender Zahl die Begriffe *Management* und *Führung* und artverwandte Begriffe differenzierter:

- *Management versus Leadership*
- *Personales Führen versus funktionales Managen*
- *Berücksichtigung der Würde des Menschen versus instrumentelles Verwenden von Mitarbeitern und Mitarbeiterinnen*

154

In Unternehmenskulturprojekten ist Konsens über die Verwendung dieser tragenden Begriffe zu erzielen. Malik sieht die Kernaufgaben von Management (= Führung) im

- *Organisieren,*
- *Zieleetzen,*
- *Kontrollieren,*
- *Messen,*
- *Beurteilen,*
- *Entscheiden spwoe*
- *Fördern und Entwickeln.*

Er klammert Information, Kommunikation und Motivation bewusst aus. Er stuft Kommunikation als Medium ein, als Instrument. Vor allem zum Thema *Kommunikation* vertreten wir eine konträre Position.

Kommunikation ist nicht nur funktionales Medium (das ist sie auch), sondern darüber hinausgehend die oberste menschliche Aufgabe einer Führungskraft.

Wie sollte zum Beispiel *Angst* im Unternehmen reduziert werden, ohne dass man Kommunikation als zentrale Führungsaufgabe sieht?

Wie sollte es gelingen, *Vertrauen* zwischen Menschen zu etablieren und zu entwickeln, wenn man sich auf das Organisieren, Zielesetzen … beschränkt? Malik verkürzt Führung in seine funktionale Managementdimension.

- Mittels Managementmethoden kann zur Angstreduktion beziehungsweise zum Aufbau von Vertrauensfeldern höchstens peripher beziehungsweise marginal beigetragen werden.

Um ein alternatives Orientierungsangebot zu dem des Managementcenter St. Gallen zu geben, erlaube ich mir, Ihnen folgende Gegenüberstellungen anzubieten:

**Ein alternatives Modell zum MCSG**

| Kernaufgaben von Managern nach MCSG: | Kernaufgaben von Führungskräften: |
|---|---|
| Ziele setzen | Visionen & Sinn entwickeln |
| Organisieren | Ängste abbauen |
| Kontrollieren | Vertrauen aufbauen |
| Arbeiten beurteilen | Verhalten wertfrei beurteilen |
| Entscheiden | Konflikte lösen |
| Projekte entwickeln | Menschen fordern, fördern, entwickeln, entfalten |

Wesentlich ist noch klarzustellen, dass es Führungskräften »nicht schadet«, wenn sie die Aufgaben der Manager auch erfüllen.

Führungskräfte sind Manager, die fähig sind,
die funktionale Dimension
um die psychosozial-ethische zu erweitern.


## »Ramp-down« – eine Fabrik menschenwürdig schließen

**Ethisches Handeln** Im November wurde in einem Weltkonzern der Beschluss gefasst, ein Werk mit einigen hundert Mitarbeitern zu schließen – die Rampe runterzufahren. Die Bekanntgabe sollte im Februar des folgenden Jahres erfolgen, also drei Monate nach der Beschlussfassung, die Schließung nach weiteren 18 Monaten. Man hatte auch entschieden, die Führungskräfte während der 18 Monate durch externe Berater begleiten zu lassen. Der Beginn sollte damit gemacht werden, dass vor der Bekanntgabe die betroffenen Führungskräfte speziell auf die Schließung eines Werks und die dabei auftretenden psychosozialen Kräfte und Verwerfungen vorbereitet werden. Vier Berater wurden engagiert, drei aus Deutschland, einer aus Österreich (meine Person). Unser Bedenken war, dass es wohl nicht möglich sein wird, diese Entscheidung bis zur offiziellen Bekanntgabe geheim zu halten, wenn 20 Mitarbeiter und vier Externe davon wissen und daran arbeiten. Das Wunder ist geschehen: Die negativen Erwartungen wurden nicht erfüllt – alle haben dicht gehalten und an einer präzisen und menschlichen Vorbereitung gearbeitet. Wie kann man ein wirtschaftlich »letales« Ereignis menschlich gestalten?

Wir suchten in der Werkzeugkiste der Psychologen und wurden in der Abteilung Traumabearbeitung fündig. Zusätzlich hat die Firmenleitung entschieden, einen neuen Mann als Werkleiter für diese schwierige Aufgabe einzusetzen, dem man diese Problemlösung zutraute.

Wir gingen im November an die Arbeit.

1. Workshops mit den Führungskräften wurden durchgeführt, die dazu befähigt werden sollten, nach der öffentlichen Bekanntgabe mit den Betroffenen deren Schicksal zu »meistern«.
2. Mit dem designierten Werkleiter war zuerst dessen Wollen abzusichern und danach während der 18 Monate der neue Werkleiter im Einzelcoaching zu unterstützen.

Wir betraten alle gemeinsam Neuland, sowohl die Externen wie auch die Internen, weil niemand bisher aktiv mit einer Werkschließung zu tun hatte. Doch spürten wir, dass wir an eine sehr sinnvolle Arbeit rangehen. Was wir noch nicht wissen konnten: Es sollte die sinnvollste, weil menschlichste Arbeit werden, die wir in der Unternehmenskulturarbeit bisher machen durften.

**Auf Verwerfungen vorbereiten**

**Das erste Wunder**

**»Letal, aber menschlich«**

**Das Trauma behandeln**

**Neuland für alle**

**Sinnvoll arbeiten**

157

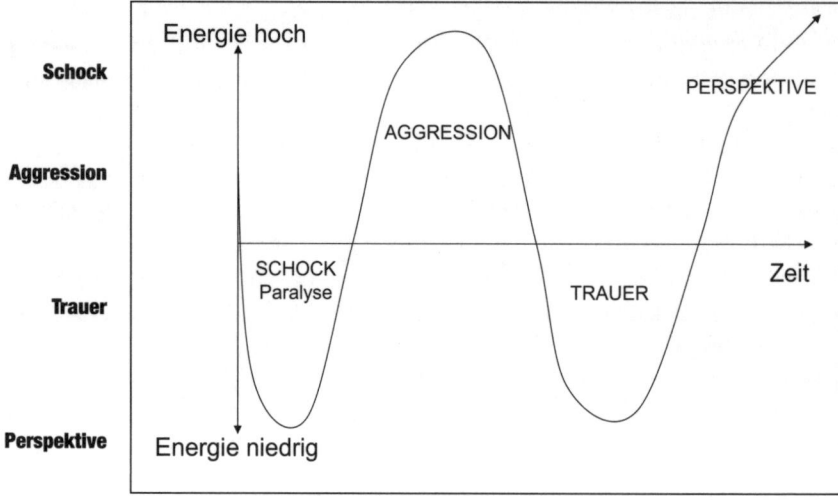

Wenn Menschen die Schließung ihrer Lebensbasis erfahren, erleben sie einen Schock, sie werden paralysiert, gelähmt. Die Energie sinkt gegen null. Sie tun erst einmal nichts.

Nach einigen Stunden beginnen die ersten sich davon zu erholen, Energie kehrt zurück – in der Form von Aggression. Man will es nicht wahrhaben, man versammelt sich, man beginnt Gegenstrategien zu entwickeln, die Hoffnung keimt bei einigen wieder auf, dass es doch irgendwie wird weitergehen können. Manche sind zwar aggressiv, jedoch noch konstruktiv, und sie suchen nach Alternativen. Die Mehrzahl jedoch zeigt Zorn, Wut bis Hass »in die da oben«. Und in allen mir sonst bekannten Schließungen wird nichts gegen diesen Zustand gemacht. Auch nicht dann, wenn die Mitarbeiter nach der Aggression in die Resignation fallen und trauern. Auch wir waren uns nicht klar, ob wir bei »gestandenen Mannsbildern« das Wort trauern oder Trauerarbeit verwenden sollten. Doch wir haben uns dafür entschieden, denn es soll gesagt werden, was in der Gefühlswelt ist; es soll »ausgedrückt« werden.

Und es war gut so.

Im ersten Workshop war die erste Arbeit, bei den betroffenen Führungskräften die Befindlichkeiten klar zur Sprache zu bringen. Sie sollten die Antwort geben auf die Frage: »Wie geht es Ihnen persönlich in der Situation als Führungskraft?« Das Ergebnis sei hier auszugsweise, doch repräsentativ dargestellt:

Was für eine Arbeit werde ich bekommen? **Persönliches**
Wie geht es mit mir selbst weiter? **Empfinden der**
Ich habe Sorge um die Zukunft. **Führungskräfte**
Frust!
Niedergeschlagen.
Angst.
Welche Möglichkeiten gibt es für uns?
Ich bin besorgt.
Die Unsicherheit weicht Zukunftsängsten!!!
Die Mitarbeiter zu motivieren wird hart.
Ich bin sauer.
Schlecht! Viele Fragen, wenig Hilfe.

Zerrissenheit zwischen Mitarbeiterfürsorge
und betrieblichen Belangen.

Endlich wissen wir Bescheid.
Befreit.
Ich empfinde Verantwortung.
Mein Hauptjob ist momentan zuhören.
Ich will so gerne helfen.
Ich möchte das Beste für die Mitarbeiter erreichen.
Problem, Mitarbeiter für laufende Projekte
weiter zu begeistern.

**Ist die Entscheidung nachvollziehbar?** Die Antworten auf die zweite Frage »Wie nachvollziehbar ist die Entscheidung für Sie?«:

Konsequent.
Frühere Einbindung wäre gut gewesen.

Nachvollziehbar ja, aber warum?
Teils, teils.

Ist nicht nachvollziehbar.
Was wird nach dem Ende?
Nicht genügend Infos.
Die Art und Weise ist enttäuschend.

**Reaktionen der Mitarbeiter** Im zweiten Workshop – nach der Bekanntgabe an die Belegschaft – wurde den Führungskräften die Frage gestellt: »Welche Reaktionen haben Sie bisher von den Mitarbeitern bekommen?«
Die Antworten auszugsweise:

Trotzdem weiterarbeiten.
Jetzt ist's endlich klar.
Erleichtert über die ruhige Aufnahme
der Schließungsnachricht.
Bisher besser als befürchtet.
Freue mich über Engagement der Mitarbeiter.
Voller Einsatz bis zum Tag X mit hohen Prämien.

Fassungslosigkeit.
Schweigen.
Stille.
Abwarten.
Schock!.
Ruhe vor dem Sturm.
Noch nicht realisiert.

Mundpropaganda läuft an.
Gruppen werden gebildet.

Witzeleien.
Sarkasmus.
Wut.
Verachtung.
Betroffenheit.
Hass auf Management.
Management hat versagt.
Enttäuscht.
Verzweiflung – wie geht's weiter?
Konkrete Angst: 52 Jahre, allein erziehend, zwei Kinder.
Habe Familie – kann nicht weg.
Zukunftsangst.
Existenzangst.
Schock: Wie soll ich meine Familie ernähren?
Was soll ich denn jetzt machen?
Hilflosigkeit.
Rückzug ins Schneckenhaus.
Verdrängen.
Resignation.
Trauer.

Und wir fragten nach dem Erfolg der bisherigen Maßnahmen, **Misserfolge**
besser gesagt nach möglichen Misserfolgen: »Warum konnte
Geschultes nicht in die Praxis umgesetzt werden?« Die Antworten nahmen in aller Regel keinen Bezug auf die Frage:

Gibt's eine Auffanggesellschaft?
Die Höhe der Abfindung?
Was heißt konkret »sozialverträglich?«
Wann fangen die ersten Kündigungen an?
Altersgrenze für Vorruhestandsregelung.
Wovon ist die Motivationsprämie abhängig?

161

**Unsicherheiten, Befürchtungen** Die Antworten auf die Frage »Wo empfinden Sie Unsicherheiten und Befürchtungen mit dieser Schließung?«:

Kein Vertrauen.
Durchhalten für einen Händedruck.
Entsteht ein schlechtes Arbeitsklima?
Angst meinen Job zu verlieren.
Wie schaffe ich die kommenden zwei Jahre?
Wie ist es, arbeitslos zu sein?
Wie geht es weiter?
Zerfallserscheinungen.
Hohe Krankenstände.
Steigende Fehlzeiten.
Sorge um Qualität.
Zwischen zwei Stühlen sitzen.

**Die Ziele der Führungskräfte** Die Antworten auf die Frage »Welche Ziele haben Sie im anstehenden Prozess?«:

Den Kopf nicht hängen lassen.
Aufrecht gehen.
Stark sein.
Mit Anstand und Würde den Auftrag abschließen.
Gesund bleiben.
Sparen, um länger durchhalten zu können.
Nicht aufgeben, weiterkämpfen.
Bis zum Ende mein Bestes geben.
Weiter nach vorn schauen.
Zu mir selbst stehen.
Arbeitsplatz sichern.
Über eigene Zukunft klar werden.
Möglichst gut durchkommen – hoffentlich Job in Aussicht.
Job zu 100 Prozent erfüllen.
Als Führungskraft weiter motiviert anwesend sein.
Unsere Firmenziele verfolgen.
Versuchen, das Beste zu tun für mich und die Firma.

162

Mitarbeiter weiter motivieren.
Mehr Zeit für Mitarbeiter nehmen.
Mitarbeitern in die Augen schauen.
Nah bei ihnen sein.
Mitarbeiter ermutigen und unterstützen,
Job und Ziel zu erfüllen.
Dass die Leute zu mir kommen.
Glaubwürdig bleiben.
Mitarbeitern helfen, wo ich kann.
Alle Mitarbeiter möglichst gut unterzubringen.
Führungskräfte bis zum letzten Tag mit
bestmöglichem Einsatz.
Glaubwürdigkeit.
Wie bringe ich meinen Mitarbeitern das Outsourcing bei?
Wie kann ich Vertrauen herstellen?

Die Antworten auf die Frage »Was brauchen Sie an Unterstützung, damit Sie den Prozess mittragen, aktiv mitsteuern und Ihre Ziele erreichen können?«:

**Was brauchen Sie an Unterstützung?**

Offene Gespräche mit Führungskräften.
Ehrlichkeit von Vorgesetzten.
Gewisses Maß an Offenheit.
Ehrliche zeitgerechte Informationen.
Antworten auf Gerüchteküche.
Erfahrungsaustausch mit Kollegen.
Vertrauen.
In schwierigen Situationen nicht im Stich gelassen werden.
Vorbereitung auf die Praxis.
Teambildung.
Gesprächstrainings.
Positiv denken.
Auszeit. Ablenkung.
Wer hört mir zu?
Unterstützung vom Vorgesetzten.

Sofortige Info vom Vorgesetzten bei Neuigkeiten.
Attraktives Angebot für danach.
Berufliche Perspektiven.
Loyaler und fairer Umgang.
Hilfe unter vier Augen.

**Was schaffen Sie alleine?** Die Antworten auf die Frage »Was können Sie selbst schaffen?«:

Profil erstellen und gezielt bewerben.
Selbstmotivation »Ein Ende ist immer ein Anfang«.
Mitarbeitergespräche.
Konsequente Haltung bewahren.
Meinen Führungsjob richtig erledigen.
Meinen Job genauso gut machen wie bisher.
Vorbild bleiben.
Mit Mitarbeitern sprechen.

Keine Ahnung.

**Ihre Erwartungen** Die Erwartungen in den zweiten Workshop:

Abgleich der Antworten, die Führungskräfte geben.
Vertiefung der gemeinsamen Antworten.
Infos von HR zu den Fragen der Mitarbeiter.
Gemeinsam Strategien entwickeln.
Ausloten möglicher Situationen.
Gut vorbereitet in die Gespräche mit den Mitarbeitern gehen.
Motivationstechniken lernen.
Rüstzeug/Tools für die kommende Zeit.
Weitere Methoden kennen lernen.
Motivation in der Krise.
Tipps für Balance, Empathie und Distanz.
Gesprächstraining.

164

Die Antworten auf die Frage »Was müssen wir in den vier Phasen vorrangig tun?«:

Schockphase:

Schockphase

- Kraft und Zuversicht ausstrahlen
- Behutsamkeit
- Betroffenheit

Aggressionsphase:

Aggressionsphase

- Auf Mitarbeiter zugehen
- Zusammensetzen
- Dampf ablassen
- Zulassen von Emotionen
- Gesprächsbereitschaft zeigen
- Grenzen setzen
- Schweigen und zuhören

Trauerphase:

Trauerphase

- Zuhören und da sein
- Sensibel bleiben
- Gemeinsames Abschiednehmen
- Unterstützen bei Problemen
- Dem anderen die Würde lassen
- Wertschätzung ausdrücken
- Praktische Tipps – Achtung: Ratschläge sind auch Schläge
- Nicht retten

Perspektivenphase:

Perspektivenphase

- Unterstützen
- Später auch draußen zusammentreffen
- Ideen sammeln, aufrichten, durchstarten
- Selbstvertrauen stärken
- Stärken aufzeigen
- Ermutigen
- Rücken stärken
- Loslassen

**Fazit** Die wesentliche Erkenntnis dieser Schließungsbegleitung ist, dass die Menschen den Nutzen der Betreuung als sehr hoch bewerteten, obwohl natürlich die Schließung durch diese Arbeit nicht verhindert werden konnte.

Wir konnten erfahren, dass in einer derartigen Grenzsituation die Beratungsarbeit die Grenze zur Seelsorge überschreitet.

Wir konnten auch lernen, wie selbst vor dem Abgrund Kräfte durch ein menschliches Miteinander geweckt werden können.

Diese Arbeit war mit ein Grund, dieses Buch zu schreiben und ihm diesen Titel »Kraftfeld Unternehmen. Menschen führen – Energien wecken« zu geben.

# Wir wir prüfen können, wie sehr es uns gut geht

In unserer Unternehmenskulturarbeit werden wir immer konkreter in die Verantwortung genommen, die Ergebnisse unserer »Softfact«-Arbeit durch Hardfact-Studien zu evaluieren. Die unterschiedlichen Untersuchungsmethoden haben wir strukturiert in drei Bereiche:

A. Die Systemdiagnose
B. Die Führungskräftediagnose
C. Die Mitarbeiter-/Teamdiagnose

Diese Evaluierungen sind im Sinne eines KAIZEN-Prozesses (KAI = der gute, ZEN = der Weg) oder, wie wir in der Beratung von Prozessen auch sagen, im Sinne eines KVP (= kontinuierlicher Verbesserungsprozess) in Zyklen vorzunehmen, wenn einem das Messen von Veränderungen wirklich wichtig ist. Wie im betriebswirtschaftlichen Sektor eine Buchhaltung geführt und Bilanzen erstellt werden, so sammeln auch wir Belege für eine unterjährige Buchhaltung von Verhalten, um sie in eine Verhaltensbilanz, das Gegenüberstellen von Aktiva und Passiva, wie auch in eine Erfolgsbilanz zu überführen.

**Verhaltensbilanzen**

167

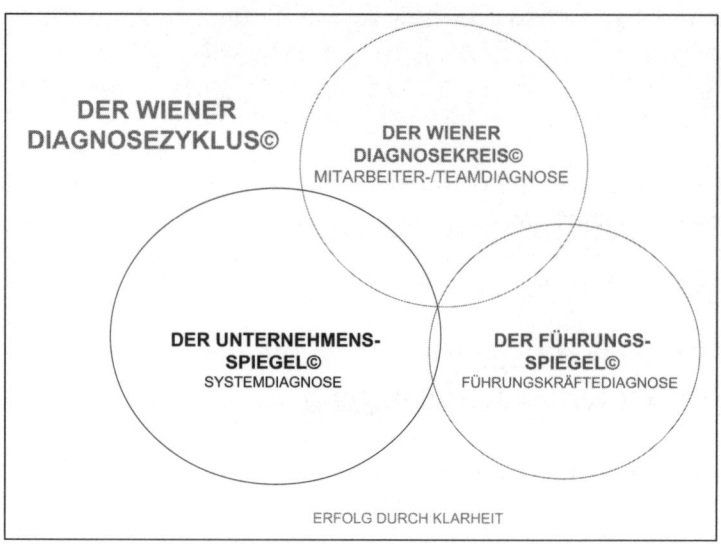

DER WIENER
DIAGNOSEZYKLUS©

DER WIENER
DIAGNOSEKREIS©
MITARBEITER-/TEAMDIAGNOSE

DER UNTERNEHMENS-
SPIEGEL©
SYSTEMDIAGNOSE

DER FÜHRUNGS-
SPIEGEL©
FÜHRUNGSKRÄFTEDIAGNOSE

ERFOLG DURCH KLARHEIT

## Die Unternehmensphilosophie des Wiener Diagnosezyklus©

**Vision**  Wir wollen Menschen durch Einsicht zur Selbstbestimmung führen, ein Abwägen von individuellen und sozialen Bedürfnissen erleichtern und zu Entscheidungssicherheit beitragen.

**Überzeugung**  Um ein klares Bild eines Menschen sowie von zwischenmenschlichen Beziehungen zu erlangen, bedarf es eines wohl abgestimmten Sets von wissenschaftlich fundierten, empirisch überprüften und praktisch erprobten Instrumenten und Methoden.

**Mission**  Die Effektivität und Effizienz der Arbeit unserer Kunden steigern wir durch die Erhöhung ihres Selbstwerts und ihrer Selbstsicherheit sowie durch ein besseres Miteinander in Gruppen und Teams.

**Ziele**  Die psychosozial-systemische Diagnostik erleichtert das Setzen und Vereinbaren von personalen, sozialen und funktiona-

168

len Zielen, verstärkt das Bewusstsein für die Ertragspotenziale zwischenmenschlich geeigneter Verhaltensweisen, steigert die Achtsamkeit für die Kostenrelevanz ungeeigneter Gewohnheiten und legt die Basis für ein Arbeiten mit Freude.

Handle so, dass du personales Leben eher mehrst denn minderst – Leben in seiner physischen, psychischen, sozialen, mentalen, kulturellen und ökonomischen Dimension. **Maxime**

## Die Systemdiagnose: Der Unternehmensspiegel©

### Der Arbeitskraft-Index©

In unserer pragmatischen und añaltyischen Kulturarbeit am Kraftfeld Unternehmen haben unsere Untersuchungen uns zu folgenden sieben Kraftquellen für Freude an der Arbeit geführt: Einfachheit, Teamgeist, Vertrauen, Erfolg, Leistung, Sinn, Führung.

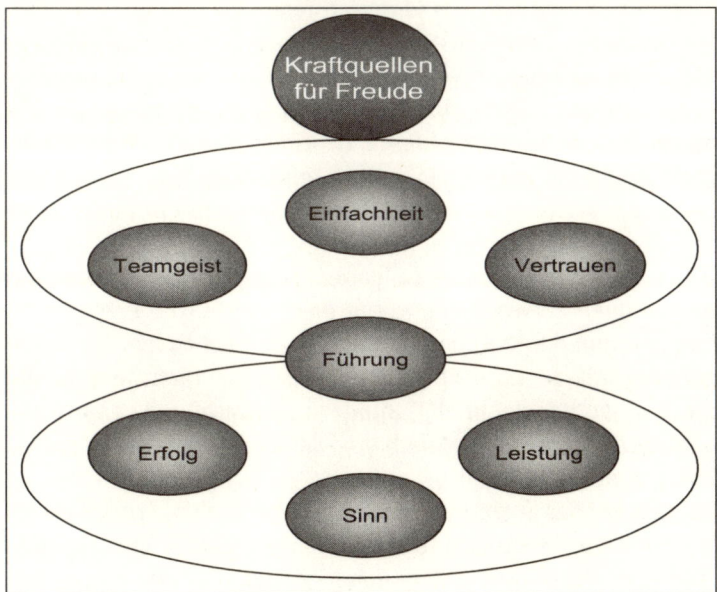

169

**Freude statt Zufriedenheit** Wir suchten bewusst nach den Quellen für Freude und nicht, wie in europaweiten Studien praktiziert, nach der Zufriedenheit, weil Zufriedenheit ein ambivalenter Begriff ist: Zufriedenheit kann motivieren, mehr zu tun, sie kann aber auch zu Trägheit und Bequemlichkeit führen. Freude hingegen ist psychologisch und motivatorisch eindeutig besetzt:

Freude motiviert zu mehr.
Freude führt zu Kraft.

**Kraftquelle Einfachheit** Einfachheit – als Reduktion von Komplexität – ist laut Luhmann die Voraussetzung für Vertrauen. Wir fügen hinzu, dass sie auch eine notwendige Bedingung für Erfolg und Teamarbeit ist.

**Kraftquelle Vertrauen** Vertrauen ist die Conditio sine qua non für ein gutes Betriebsklima. Wir messen dieses sowohl horizontal als auch vertikal: Horizontal ist das Klima jenes, das zwischen den Kollegen und Kolleginnen entsteht, also ohne die Führungskraft oder sogar trotz dieser.

Das vertikale Betriebsklima ist hingegen jenes, das durch die Qualität der Beziehung zum unmittelbaren Vorgesetzten entsteht.

**Kraftquelle Teamgeist** Wenn es uns gelingt, aus Gruppen Teams zu formen, wird diese gebündelte Energie es uns erlauben, mit den größten Problemen, Herausforderungen, Lösungsvakuums fertig zu werden. Wenn wir unter Team eine (Spezial-)Gruppe verstehen, die gemeinsam antritt, um Probleme zu lösen, und in der kein Mitglied gegen ein anderes kämpft. Kämpft auch nur ein Mitglied gegen ein anderes, so zerbricht die Gruppe in ein Individuum und den Rest der Gruppe. Kraftverlust ist die Folge.

**Kraftquelle Führung** Führungskräfte haben die Aufgabe, Orientierung zu geben, um die Energien zu wecken und um diese geweckten Energien zu bündeln; um die Kräfte in ein »Aufwind«-Feld zu lenken, ist die Führung das zentrale »Brenn«-Element, das nicht nur für die drei Elemente Einfachheit, Teamgeist und Vertrauen verantwortlich zeichnet, sondern auch für die drei weiteren Elemente Erfolg, Leistung und Sinn.

**Kraftquelle Erfolg** Erfolg heißt das Setzen und Erreichen von Zielen. Erreichte Ziele führen zur Hebung unseres Selbstwertgefühls. Eine positive Spirale »nach oben« wird in Gang gesetzt.

170

Leistung wird gemessen am Verhältnis von Output zum Input. **Kraftquelle**
Während Erfolg erst zu einem festgesetzten Termin festgestellt **Leistung**
werden kann, kann Leistung permanent gemessen werden. Die
Formel Output/Input gilt für alle Leitungsziffern, sei es die Rentabilität, die Produktivität oder die Effizienz. Der Wunsch, Leistung
zu erbringen, ist uns angeboren, weil die Leistung wie auch der
Erfolg unseren Selbstwert und das damit verbundene angenehme
Gefühl steigert. Leistung wird ermöglicht durch persönliches Engagement, das individuelle »Brenn«-Element, das John F. Kennedy
in den Satz gekleidet hat: Don't ask, what the country can do for
you, but what you can do for your country. Also: Raus aus der
Konsumentenhaltung hin zur Eigeninitiative, zur Kreativität, zur
Verantwortung, zur Leistung und auch hin zur Solidarität.
Von dieser individuellen Grundhaltung aus ist Arbeit im Team
möglich.
Wir haben uns auf den vorderen Seiten an mehreren Stellen **Kraftquelle**
der Sinnfrage gewidmet: Wer das Wozu kennt, ist bereit zu fast **Sinn**
jedem Wie!
Die Feststellung des Arbeitskraft-Index© basiert auf einer quantitativen Fragebogenerhebung, die auch unter
www.wienerpersonaldiagnostik.at abgerufen werden kann.

## Der Kulturspiegel

Die Arbeit am Kulturspiegel haben wir Ihnen bereits im Kapitel
über die Unternehmenskulturarbeit im Detail dargestellt.

## Der »Soziale Gesundheit«-Check

Diese Erhebung, die in Österreich im Jahre 2007 erstmals ver-
anstaltet wurde, fußt auf vier Fragebögen:

1. Erhebung des Sozialkapitals (nach Professor Ernst Gehmacher)
2. Erhebung des Erfolgsfaktors Freude an der Arbeit
3. Erhebung des Kostenfaktors Angst
4. Erhebung der volkswirtschaftlichen Kosten, die durch »sozial ungeeignetes Miteinanderumgehen« entstehen

171

Da der Begriff »soziale Gesundheit«, trotz Verankerung in der Weltgesundheitsorganisation WHO, nach unserem Wissensstand weitgehend unbekannt ist, wollen wir Ihnen einige Definitionen und Begriffsbestimmungen anbieten. Diese wurden gemeinsam erarbeitet mit Professor Ralph Sichler von der Sigmund-Freud-Privatuniversität Wien. Im Folgenden erlauben wir darzustellen, wie von einer sozialpartnerschaftlichen und unternehmerischen Plattform aus in Österreich die Verbesserung der sozialen Gesundheit in Österreichs Betrieben vorangetrieben wird.

»Eine Gruppe ist sozial gesund, wenn es allen miteinander und jedem Einzelnen mit allen anderen gut geht.«

Soziale Gesundheit umfasst sowohl das »Uns geht es miteinander gut!« als auch das »Mir geht es mit euch gut!«.

Sozial gesund können nicht Menschen für sich allein, sondern nur Gruppen, Beziehungen und Einzelne in Verbindung mit anderen Menschen sein.

Soziale Gesundheit entsteht aus der Verschränkung von gemeinschaftlich erfahrenem und individuell mit anderen erlebtem Wohlbefinden.

Unter sozialer Gesundheit verstehen wir die Kompetenz von Gruppen und Individuen, schöpferische und kommunikative Prozesse so zu gestalten, dass das Wohlbefinden erhöht, die Kommunikations- und (sozialen) Handlungskompetenzen ausgebaut sowie die Arbeits- und Leistungsfähigkeit aller Beteiligten im Zusammenhang und jedes Einzelnen in der Gruppe gesteigert werden.

Soziale Gesundheit in einem Sozialverband meint mehr als die Summe der Gesundheit aller Mitglieder. Gleichzeitig kann die Gesundheit im Verband nicht zulasten Einzelner bestehen.

Bezug zu anderen Formen der Gesundheit:

Soziale Gesundheit steht mit anderen Formen der Gesundheit (körperlich, psychisch, mental) in engem Zusammenhang und tief verschränkter Wechselwirkung. Sie profitiert von ihnen, wirkt sich aber auch auf diese nachhaltig aus.

## Verlust durch sozial ungeeignetes Miteinanderumgehen

Wir würden gerne auch Ihre Einschätzung erfahren, wie viel Zeit im Unternehmen durch »sozial ungeeignetes Miteinanderumgehen« verloren geht. **Sozial ungeeignetes Miteinander**
(Sollten Sie Interesse haben, so finden Sie die Fragebögen unter www.sozialegesundheit.at).
Denken Sie bei »sozial ungeeignetem Miteinanderumgehen« an folgende Beispiele, die im Durchschnitt über einen längeren Zeitraum von zirka einem Jahr im Unternehmen vorkommen.
Diese Beispiele sind natürlich nicht erschöpfend, sie sollen Ihnen eine Landschaft an Ereignissen vor Augen führen: **Beispiele**

- Man hängt im Groll der Ungerechtigkeit oder Verletzung nach und sinniert, was man nun dagegen tun soll, und ist in seiner Arbeit blockiert.
- Nach einer unfairen Attacke in einer Sitzung überlegt man fieberhaft, wie man hätte antworten sollen.
- Nach Beleidigungen mindert sich das Selbstwertgefühl, und man zieht sich in »unproduktive« Tätigkeiten zurück.
- Man geht nach einem Ärger mit Kollegen und Kolleginnen oder einem/einer Vorgesetzten mit einer Vertrauensperson schnell mal auf einen Kaffee, um über andere herzuziehen.
- Sie beobachten Mitarbeiter/-innen, die regelmäßig aggressiv sind, ohne zu einer Lösung beizutragen.
- Sie nehmen an Mitarbeitern und Mitarbeiterinnen wahr, dass sie innerlich gekündigt haben (»Dienst nach Vorschrift«, keine Freude bei der Arbeit).
- Sie erkennen an Mitarbeitern und Mitarbeiterinnen deutliche Anzeichen von Resignation.
- Sie kennen Mitarbeiter/-innen, die sich in Krankheiten flüchten.

Die folgenden Angaben sollen eine Schätzung dieser Zeit und deren Durchschnitt im letzten Jahr pro Mitarbeiter/-in wiedergeben.

| | sehr wenig bis 30 Min./Tag | wenig bis 1 Std./Tag | viel bis 2 Std./Tag | sehr viel mehr als 2 Std./Tag |
|---|---|---|---|---|
| im gesamten Unternehmen | | | | |
| in meiner Abteilung | | | | |
| bei mir selbst | | | | |

Sozial gesundes Miteinanderumgehen im Unternehmen wollen wir ferner daran »messen«, wie groß die Differenz zwischen der Freude an der Arbeit und betrieblich bedingten Ängsten ist. Freude ist wohl einer der herausragendsten und nachhaltigsten Erfolgsfaktoren, Angst nachgewiesenermaßen d e r Kostenfaktor im zwischenmenschlichen Bereich. Führungskräfte, die von Ängsten besetzt sind, wie von Versagensangst, Verlustangst, Trennungsangst – also existenziellen Ängsten –, sind zum Führen ungeeignet.

Im Folgenden wollen wir Ihnen die Fragebögen vorstellen, die unter www.sozialegesundheit.at zu beantworten wir Sie gerne einladen möchten:

174

## Erfolgsfaktor Freude an der Arbeit

| |
|---|
| Ist Ihnen – über den Gelderwerb hinaus – der Sinn Ihrer Arbeit bewusst? |
| Wird in Ihrer Firma miteinander statt gegeneinander gearbeitet? |
| Ist Ihre Arbeitsquantität »im rechten Maß«, also weder zu viel noch zu wenig? |
| Werden Missverständnisse und Konflikte rasch gelöst? |
| Wird im Konfliktfall auch Ihre Sichtweise berücksichtigt? |
| Werden Fehler eingestanden? |
| Sind Ihre Kollegen und Kolleginnen offen für Kritik? |
| Sind Ihre – falls vorhanden – untergeordneten Mitarbeiter/-innen offen für Kritik? |
| Ist Ihr Vorgesetzer/Ihre Vorgesetzte offen für Kritik? |
| Erfolgt Kritik nur unter vier Augen, sodass Ihr Gesicht gewahrt wird? |
| Wird Ihnen von dem/der Vorgesetzten ausreichend und auch geduldig zugehört? |
| Wird über Abwesende nur so gesprochen, als ob diese anwesend wären? |
| Gibt es auch ausreichend Zeit für private Gespräche? |
| Erhalten Sie ausreichend Anerkennung, Lob, Feedback? |

**Kostenfaktor Angst**

| Angst | Erleben Sie Fälle von Mobbing? |
| --- | --- |
| | Haben Sie beruflich bedingte Ängste? |
| | Haben Sie Angst, den Job zu verlieren? |
| | Haben Sie Angst zu versagen? |
| | Haben Sie Angst, Fehler zu machen? |
| | Haben Sie Sorge, Wertschätzung und Anerkennung zu verlieren? |
| | Haben Sie Angst, krank zu werden und dadurch berufliche Nachteile zu haben? |

## Führungsdiagnose: Der Führungsspiegel©

Der Wipp-
Test©

### Der Wipp-Test© – Wiener Indikator des Persönlichkeitspotenzials

In fünf Feldern wird ein Set von 21 Fähigkeiten als Beurteilungsmaßstab für Selbst- und Fremdbilder eingesetzt:

- *Denkvermögen:*
  Analytisches Denken, logisches Denken,
  praktisches Urteilen, Kreativvermögen
- *Arbeitshaltung:*
  Gewissenhaftigkeit, Durchsetzungsfähigkeit, Flexibilität,
  Entscheidungsfähigkeit
- *Sozialkompetenz*:
  Einfühlungsvermögen, Überzeugungsfähigkeit,
  Konfliktverhalten, Teamfähigkeit, Kontaktfähigkeit

176

- *Psychische Ausstattung:*
  Emotionale Stabilität, Aggressionsverhalten, Stressstabilität, Konzentrationsfähigkeit, Selbstbewusstsein
- *Karriereorientierung:*
  Leistungsstreben, Autonomiestreben, Führungsstreben

## Führungskräftebeurteilung Bottom-up

Führungs-
kräfte-
beurteilung

In Ergänzung des Mitarbeiterspiegels werden aus den Werten und Regeln des Leitbildes eines Unternehmens implizit vorhandene Kompetenzen und Kriterien erarbeitet, die als einheitlicher Beurteilungsmaßstab dienen. Eine quantitative Fragebogenerhebung von Selbst- und Fremdbildern zeigt die Differenz von Geltungsanspruch und -angebot, die Abweichung vom Soll wie auch vom Durchschnitt des Unternehmens.

## 360-Grad-Audit

360-Grad-
Audit

Die Einschätzungen über die Führungskräfte werden durch

- die Vorgesetzten,
- die Mitarbeiter/-innen,
- Experten unserer Firma,
- ausgewählte Stakeholder sowie
- durch die beurteilte Führungskraft (Selbstbild)

erhoben.

## Mitarbeiter- und Teamdiagnose – der Wiener Diagnosekreis©

**Werte** Die Wünsche, Erwartungen, Interessen und Bedürfnisse einer Person werden festgestellt – kurz: das, was ihr wichtig ist.

**Tugenden** Die Tugenden – im Sinne von Werten, über die der Beurteilte verfügt und disponieren kann – kommen auf den Prüfstand.

**Verhalten** In den vier Verhaltensdimensionen »direktiv, inspirierend, ausgleichend, logisch« werden individuelle Stärken, Schwächen und Potenziale erhoben.

**Bedürfnisse** Der Status von vier menschlichen Bedürfnisstrukturen wird ermittelt: das Streben nach Geltung, Sozialem, Aggression und Hingabefähigkeit.

178

Vier Grundstrebungen menschlicher Existenz werden analysiert: soziale Beziehungsfähigkeit versus Ichabgrenzung, Stabilitätsstreben versus Streben nach Veränderung. **Impulse**

Um die Kompetenz zur Konfliktdeeskalation festzustellen, werden dominante Antworten partnerschaftlich-reversiblen gegenübergestellt. **Konfliktsprache**

Die links- beziehungsweise rechtshemisphärische Ausprägung des Denkens wird festgestellt. **Denken**
In einem zweiten Test wird die Fähigkeit untersucht, divergierend Problemlagen zu zergliedern beziehungsweise konvergierend Komplexität zu reduzieren.

Ein Test stellt fest die Neigung zu einem getakteten oder rhythmischen Verhalten, zu gestresstem oder stoischem, zu ungeduldigem oder gelassenem. **Zeit**
Im zweiten Test wird das Verhalten von links- bzw. rechtshemisphärischen Menschen in Beziehung gesetzt mit deren Umgang mit der Zeit.

Im Folgenden wollen wir Ihnen einen Einblick geben in die Welt, die Ihnen im Internet zur Erhebung Ihres Selbstbildes wie auch Ihrer Fremdbilder zur Verfügung steht unter: www.wienerpersonaldiagnostik.at. Wir möchten Ihnen nun einige der angesprochenen Diagnoseinstrumente vorstellen.

## BASICS©-Test: Was mir wichtig ist

Dieser Test führt Ihnen Ihre persönlichen handlungsleitenden Wertefelder, Interessen, Ziele und Motivationsfaktoren, Entwicklungsbedürfnisse, präferierten Freizeitdimensionen, Ihre Wünsche und Träume, Ihre politischen Schwerpunkte sowie Ihre Vorbilder vor Augen. **BASICS©-Test zur Wertediagnose**
Jeweils sechs Antwortmöglichkeiten sind im Internet-Test in jedem der folgenden acht BASIC-Felder in eine Rangordnung zu bringen:

- Was mir wichtig ist
- Was mich interessiert
- Was mich motiviert
- Worin ich mich entwickeln möchte
- Was ich gerne in meiner Freizeit mache
- Was ich mit viel Geld machen würde
- Worin der Staat investieren soll
- Wen ich als Vorbild sehe

### VIRTUS©-Test: Welche Tugenden ich pflege

**VIRTUS©-TEST zur Tugendendiagnose** Virtus ist das lateinische Wort für Tugend – ein »verstaubtes« Wort. Dennoch gibt es sie, die Tugenden. Was steht hinter diesem altmodischen Begriff? Tugenden sind Fähigkeiten, sind persönliche Dispositionen, die uns in die Lage versetzen, ethisch zu handeln.

Wenn auch das Wort Tugend nicht in der Hitliste der »In-Wörter« zu finden ist, die Ethik ist doch in aller Munde.

Dieser Test soll Sie vertraut machen, welche Tugenden Sie pflegen, welche in Ihrem Leben eine vorrangige oder eher nachrangige Bedeutung haben.

**Anleitung zu einem unzeitgemäßen Leben** André Comte-Sponville, ein zeitgenössischer Philosoph, der an der Sorbonne lehrt, war mit seiner »Anleitung zu einem unzeitgemäßen Leben« (französischer Originaltitel: »Un petit traité des grands virtus«) Ideengeber zu diesem Test.

Elf Tugenden werden Ihnen näher gebracht. Vorab die vier klassischen aristotelischen Kardinaltugenden (Kardinal von lat. »cardo«, der Dreh- und Angelpunkt):

- Die Klugheit
- Die Mäßigung
- Der Mut
- Die Gerechtigkeit

180

Weitere sieben Tugenden für ein »unzeitgemäßes« Leben:

- Die Einfachheit
- Die Aufrichtigkeit
- Die Toleranz
- Die Dankbarkeit
- Die Barmherzigkeit
- Die Treue
- Die Freundschaft

## Denktest: LRH-Test/Divergenz-Konvergenz-Test

Es ist mittlerweile abgesichertes Wissen, dass wir Menschen über zwei Gehirnhälften verfügen können, für die eine Arbeitsteilung vorgesehen ist:
Während die linke Gehirnhemisphäre analytisch, logisch, methodisch, digital, begründend, beweisführend, schlussfolgernd funktioniert, dient uns die rechte Gehirnhemisphäre für das Denken, das synthetisch, symbolisch, metaphorisch, analog, bildhaft, phantasiehaft wirkt. Während weiters die linke Seite des Gehirns Einzelheiten schrittweise erfasst, arbeitet die rechte Seite intuitiv.
Links sind zu Hause Klein- und Detaildeutungen, rechts das grobe Erfassen von Gestalten. Links wird mosaikartig zusammengefügt, rechts werden Muster und Gesamtheiten holistisch erfasst. Links ist der »polizeiliche Erkennungsdienst«, rechts stehen Einzelheiten für das Ganze – das »pars pro toto«.
Linkshemisphärische sehen den Wald vor lauter Bäumen nicht, Rechtsorientierte sehen die Bäume vor lauter Wald nicht.
Linke schätzen Formelhaftes, Rechte die Konstruktion logischer Klassen und sind stark im Erfassen räumlicher Dimensionen.
Links herrscht vor zielgerichtetes Denken, rechts »ungerichtetes« Denken mit eigenen »unlogischen« Regeln.
Wenn links die Sprache der Logik mit der Logik der Sprache, wie Grammatik, Syntax, Semantik, regiert, so finden wir rechts die Sprache des Bildes, Verdichtungen, Witze, Wortspiele, Zweideutigkeiten.

**Denktest 1:**
**Links-Rechts-Hemisphären-Test**

**Wie unser Gehirn funktioniert**

**Verdichtetes aus Paul Watzlawicks »Die Möglichkeit des Andersseins«**

181

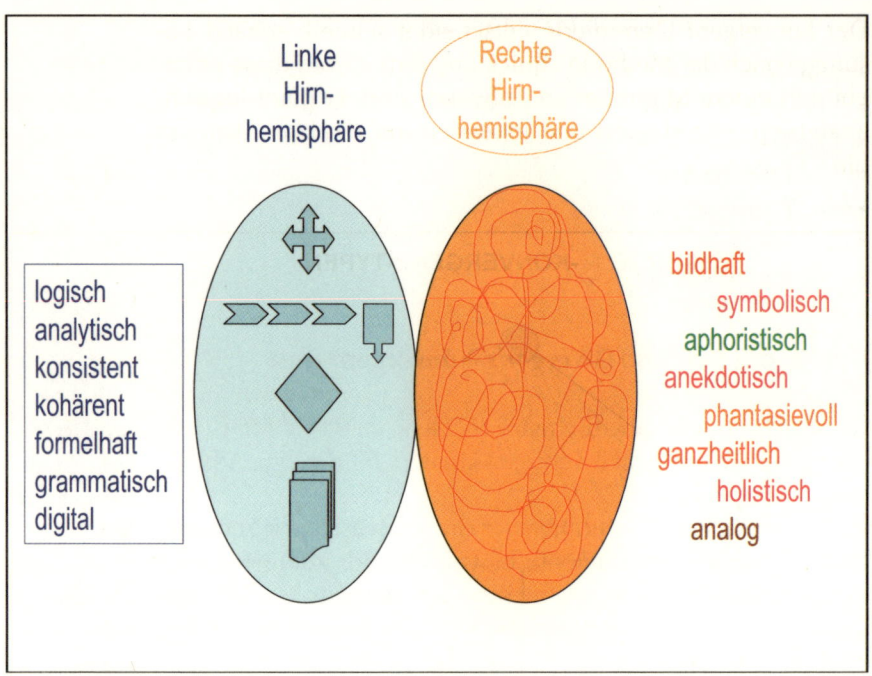

Linke
Hirn-
hemisphäre

Rechte
Hirn-
hemisphäre

logisch
analytisch
konsistent
kohärent
formelhaft
grammatisch
digital

bildhaft
symbolisch
aphoristisch
anekdotisch
phantasievoll
ganzheitlich
holistisch
analog

**Denktest 2:** Im Anschluss an das Feststellen der links- beziehungsweise
**Divergenz-** rechtshirnigen Neigung des Denkens wollen wir nun noch die
**Konvergenz-** Neigung prüfen, ob ein Mensch bei einer Aufgabe »gerne das
**Test** Rad neu erfindet« (der divergente Denker) oder ob ihn das de-
taillierte Auffächern von Altbekanntem nervt, weil er eine Ver-
**Wie wir mit** schwendung der Ressourcen sieht (der konvergente Denker).
**Komplexität**
**umgehen** Gemeinhin wird der rechtshemisphärische Denker dem diver-
**können** genten, der Linkshemisphärische dem konvergenten Typ entsprechen.

Der divergent Dominierte geht einer Sache auf den Grund,
fächert alles auf, seine Ergebnisse sehen aus wie die Unterseite
eines Pilzes mit seinen Lamellen, er dehnt die Grenzen über
das Bekannte hinaus, braucht Freiräume des Denkens.

182

Der konvergent Dominierte entscheidet schnell, schätzt Lösungen nach der Methode »quick and dirty«, weil diese effizient (mit einem Minimum an Aufwand) sind. Er plant logisch-analytisch, er reduziert und fokussiert auf die klare Antwort hin.

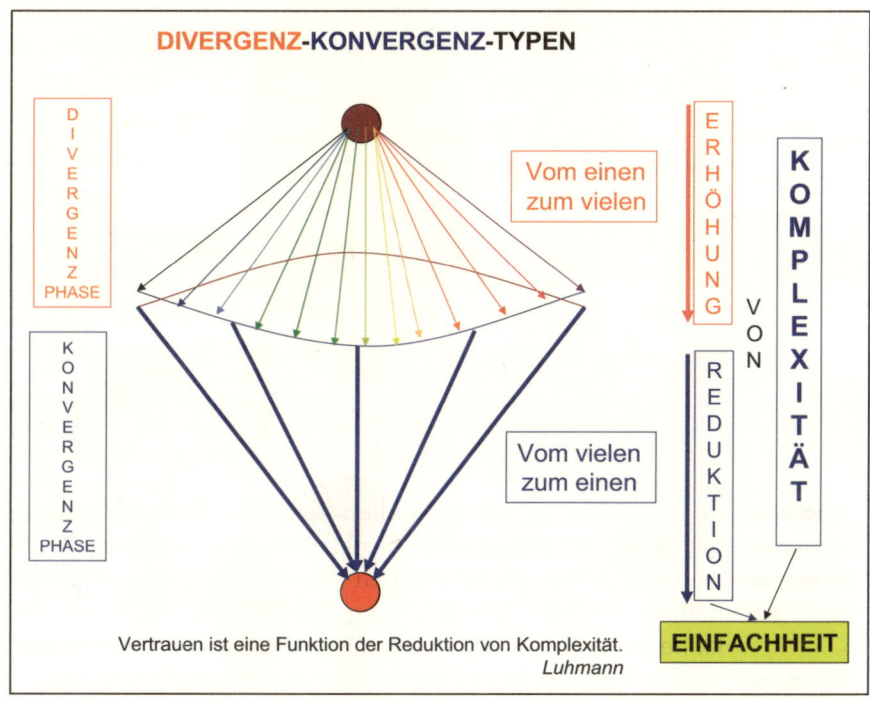

**DIVERGENZ-KONVERGENZ-TYPEN**

DIVERGENZ PHASE

KONVERGENZ PHASE

Vom einen zum vielen

Vom vielen zum einen

ERHÖHUNG VON REDUKTION

KOMPLEXITÄT

EINFACHHEIT

Vertrauen ist eine Funktion der Reduktion von Komplexität.
*Luhmann*

## Zeittests: Zeittypustest Chronos-Kairos/ Monochronie-Polychronie-Test

Während wir im Links-Rechts-Hemisphären-Test und im Divergenz-Konvergenz-Test unsere Analyse auf die Dominanz des Denkens gerichtet haben, wollen wir mit den beiden folgenden Testverfahren die Dominanz des Umgangs mit der Zeit feststellen.

**Zeittypen-test 1: Monochronie-Polychronie-Test**

Der monochrone Mensch ist zielorientiert, konzentriert sich auf eine Sache, pünktlich – mit präzisem und perfektem Zeitmanagement. Er ist schnell, termintreu, einschätzbar, zuverlässig.

Der polychrone Mensch ist hingegen beziehungsorientiert, das Zwischenmenschliche hat Vorrang vor der Sache, er arbeitet vernetzt und flexibel, er verlässt sich auf seine Intuition. Er fühlt sich wohl beziehungsweise ist zumindest fähig, an mehreren Arbeiten nebeneinander und gleichzeitig zu arbeiten.

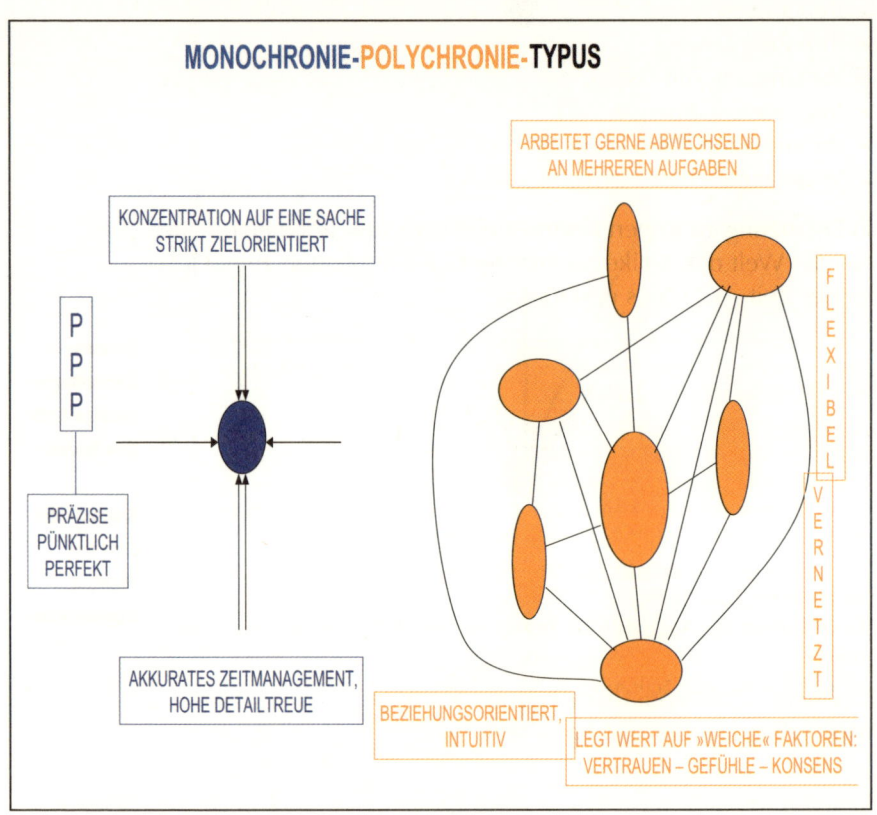

**MONOCHRONIE-POLYCHRONIE-TYPUS**

ARBEITET GERNE ABWECHSELND AN MEHREREN AUFGABEN

KONZENTRATION AUF EINE SACHE STRIKT ZIELORIENTIERT

P P P

FLEXIBEL VERNETZT

PRÄZISE PÜNKTLICH PERFEKT

AKKURATES ZEITMANAGEMENT, HOHE DETAILTREUE

BEZIEHUNGSORIENTIERT, INTUITIV

LEGT WERT AUF »WEICHE« FAKTOREN: VERTRAUEN – GEFÜHLE – KONSENS

Nach dem Sozialpsychologen Robert Levine, der eine Lang-
zeitstudie über 31 Nationen zum Zeitverhalten gemacht hat
(»Landkarte der Zeit«), ordnen wir im Chronos-Kairos-Test in
einem ersten Schritt Ihr Verhalten und Ihren Umgang mit Zeit
den folgenden »Levine«-Kategorien zu:

- ➢ Ihr Interesse an der Uhrzeit
- ➢ Ihr Redemuster
- ➢ Ihr Essverhalten
- ➢ Ihre Gehgeschwindigkeit
- ➢ Ihr Fahrverhalten
- ➢ Ihre Zeitplanung
- ➢ Ihr Umgang mit Listen
- ➢ Ihre nervöse Energie
- ➢ Ihr Verhalten beim Warten
- ➢ Warnsignale beim Umgang mit Zeit

In Ergänzung zu Robert Levine ziehen wir nun noch eine Hilfe
aus der Welt der Antike hinzu. Die Griechen hatten zwei Götter der Zeit – Chronos und Kairos:

Chronos –
der unbarm-
herzige Gott
des Taktes

Kairos – der
Gott des
rechten
Augenblicks

In der westlichen Welt herrscht immer mehr Chronos,
der Gott, der die Zeit taktet.
Chronos zergliedert, schneidet sie in Stücke.
Chronos schlägt den Takt –
und findet keinen Rhythmus.
Den Rhythmus findet Kairos, der Gott des rechten Augenblicks, des
rechten Maßes, der guten Gelegenheit, der Okkasion.
Kairos sorgt mit seinem Rhythmus für die Gliederung der Zeit in
sinnlich fassbare Teile.
Er verbindet die Augenblicke, bringt sie ins Maß, lässt wachsen und
reifen.
Dem im Test festgestellten Verhalten in den zehn »Levine«-Kategorien
werden nun diesen Chronos- und Kairos-Eigenschaften zugeordnet.
Sie erfahren, ob Sie eher der Welt des Taktes oder der Welt des
Rhythmus zugeneigt sind.

Chronos:
ungeduldig – getaktet – treibend – planend – gezeigt – gestresst

Kairos:
geduldig – rhythmisch – mußevoll – spontan – gelassen – stoisch

## D.I.A.L.©-Verhaltensdominanzentest

**Der D.I.A.L.-Verhaltenstest zur Verhaltensdiagnose**

Der Psychologe Carl Gustav Jung hat in seiner Typenlehre Menschen gewisse Farben zugeordnet. Dieser Typisierung bedient sich auch dieser Test:

Dem direktiven, dominanten und zielstrebigen **D-Typus** entspricht die Farbe **Rot**,

dem initiativen, offenen, den Umgang mit Menschen suchenden **I-Pypus** die Farbe **Gelb**,

dem ausgleichenden, harmonieorientierten, unterstützenden **A-Typus** die Farbe **Grün** und

dem logisch-analytischen, kühl kalkulierenden, präzisen, gewissenhaften **L-Typus** die Farbe **Blau**.

**Die vier Verhaltens-Typen**

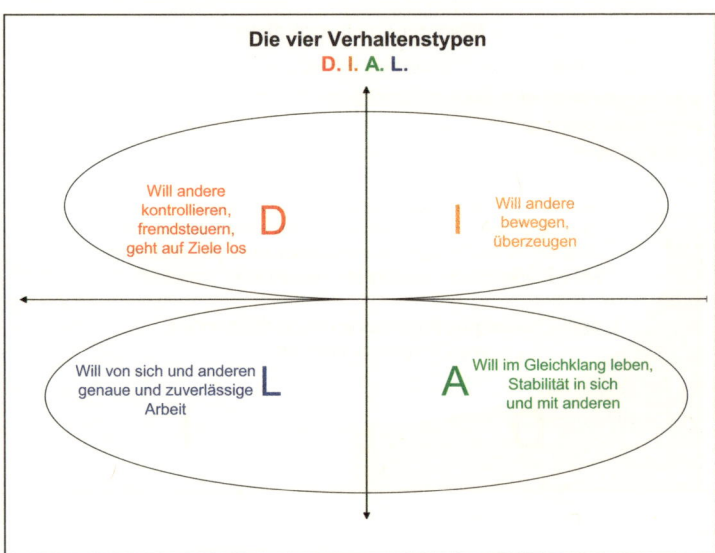

Die vier Verhaltenstypen
D. I. A. L.

Will andere kontrollieren, fremdsteuern, geht auf Ziele los **D**

**I** Will andere bewegen, überzeugen

Will von sich und anderen genaue und zuverlässige Arbeit **L**

**A** Will im Gleichklang leben, Stabilität in sich und mit anderen

**Zuordnung von Eigenschaften**

Entschlossen
Dominant
Konkurrierend
Aggressiv
Willensstark
**D**
Energisch
Durchsetzungsstark
Hartnäckig
Direkt

Inspirierend
Begeistert          Gesprächig
Kooperativ          Kontaktfreudig
**I**
Fröhlich          Freundlich
Verspielt

Logisch     Analytisch     Planend
Einsichtig   Vorsichtig    Beherrscht
Gewissenhaft  **L**       Prüfend
Rücksichtsvoll  Höflich   Zurückhaltend
Kalkulierend   Präzise    Gründlich

Taktvoll   Gutmütig   Rücksichtsvoll
Kollegial   Aufmerksam
**A**
Sorgsam   Einfühlend
Ausgleichend  Entspannt  Beständig

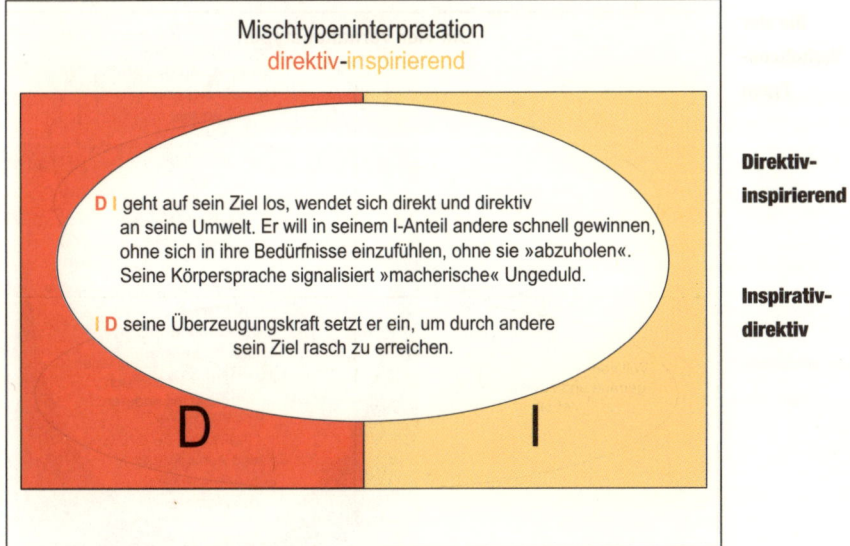

**Mischtypeninterpretation**
direktiv-inspirierend

**D I** geht auf sein Ziel los, wendet sich direkt und direktiv
an seine Umwelt. Er will in seinem I-Anteil andere schnell gewinnen,
ohne sich in ihre Bedürfnisse einzufühlen, ohne sie »abzuholen«.
Seine Körpersprache signalisiert »macherische« Ungeduld.

**I D** seine Überzeugungskraft setzt er ein, um durch andere
sein Ziel rasch zu erreichen.

**D**                    **I**

## Mischtypeninterpretation
### logisch-ausgleichend

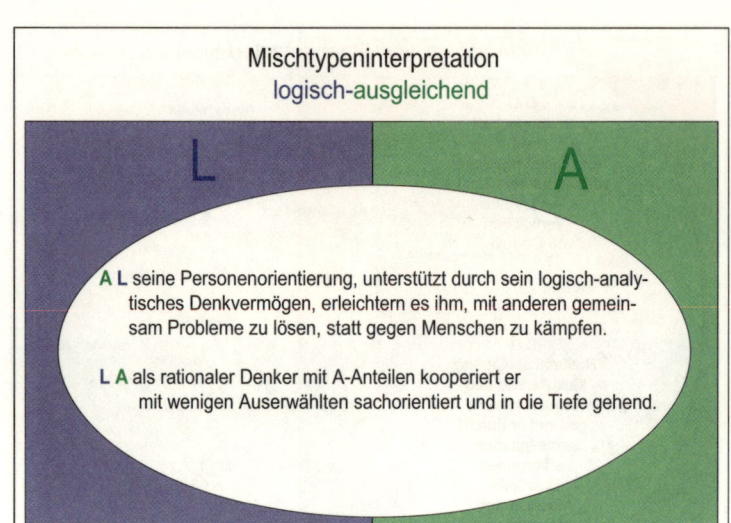

**Logisch-ausgleichend**

**Ausgleichend-logisch**

**A L** seine Personenorientierung, unterstützt durch sein logisch-analytisches Denkvermögen, erleichtern es ihm, mit anderen gemeinsam Probleme zu lösen, statt gegen Menschen zu kämpfen.

**L A** als rationaler Denker mit A-Anteilen kooperiert er mit wenigen Auserwählten sachorientiert und in die Tiefe gehend.

## Mischtypeninterpretation
### inspirierend-ausgleichend

**Inspirativ-ausgleichend**

**Ausgleichend-inspirativ**

**I A** ist in seiner Offenheit des I durch seine A-Anteile einfühlsam, sozial orientiert, auf andere eingehend, ein geduldiger Zuhörer, dem die Bedürfnisse der anderen wichtig sind.

**A I** als beziehungsorientierter Mensch strebt er nach Harmonie und Stabilität. Er setzt seine kommunikativen Fähigkeiten ein, um Konsens zu erreichen.

188

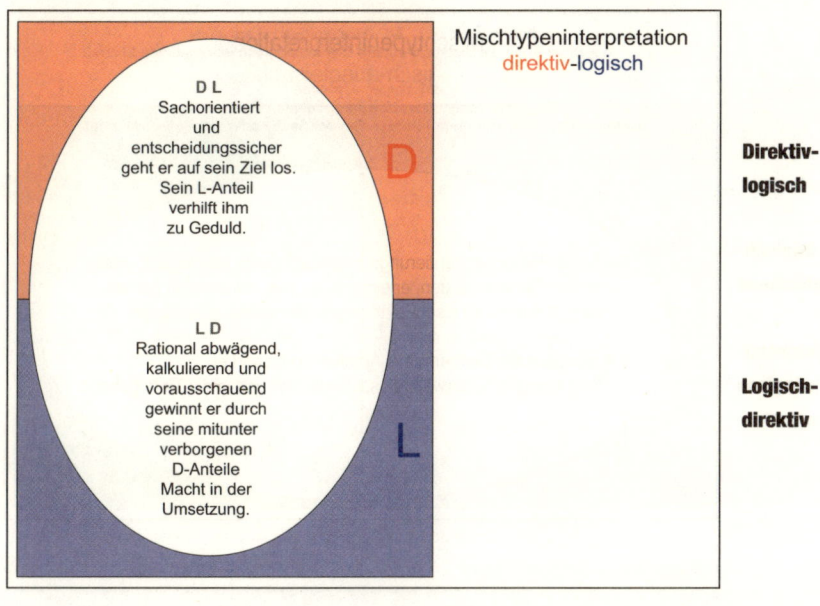

**Mischtypeninterpretation**
direktiv-logisch

**D L**
Sachorientiert
und
entscheidungssicher
geht er auf sein Ziel los.
Sein L-Anteil
verhilft ihm
zu Geduld.

D

**L D**
Rational abwägend,
kalkulierend und
vorausschauend
gewinnt er durch
seine mitunter
verborgenen
D-Anteile
Macht in der
Umsetzung.

L

**Direktiv-
logisch**

**Logisch-
direktiv**

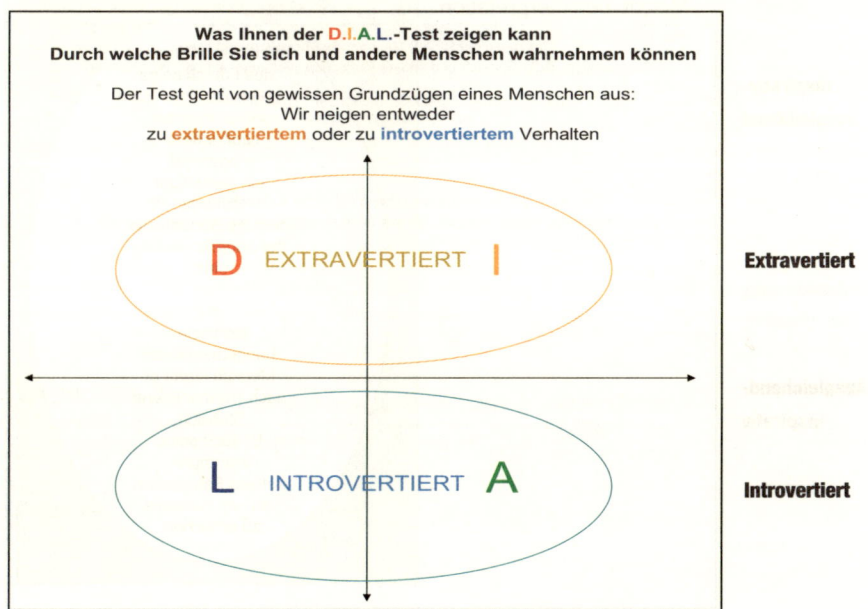

**Was Ihnen der D.I.A.L.-Test zeigen kann**
**Durch welche Brille Sie sich und andere Menschen wahrnehmen können**

Der Test geht von gewissen Grundzügen eines Menschen aus:
Wir neigen entweder
zu **extravertiertem** oder zu **introvertiertem** Verhalten

**D** EXTRAVERTIERT **I**

**Extravertiert**

**L** INTROVERTIERT **A**

**Introvertiert**

189

**Was Ihnen der D.I.A.L.-Test weiters zeigen kann**
**Durch welche Brille Sie sich und andere Menschen noch wahrnehmen können**

Wir neigen entweder
zu introvertiertem oder zu extravertiertem Verhalten oder
zu einem Verhalten, das mehr Interesse an der Sache oder am Menschen zeigt.

**Sachorientiert**

S
A
C
H
O
R
I
E
N
T
I
E
R
T

**D**          **I**

P
E
R
S
O
N
O
R
I
E
N
T
I
E
R
T

**Personen-
orientiert**

**L**          **A**

---

**Was Ihnen der D.I.A.L.-Test darüber hinaus zeigen kann**
**Durch welche Brille Sie sich und andere Menschen auch noch wahrnehmen können**

Der Test geht von gewissen Grundzügen eines Menschen aus:
Wir neigen entweder
zu introvertiertem oder zu extravertiertem Verhalten oder
zu einem Verhalten, das mehr Interesse am Menschen oder an der Sache zeigt.

Daraus abgeleitet entstehen unterschiedliche Wahrnehmungswelten:
eine Wahrnehmung der Umwelt, die uns eher unangenehm ist oder eher angenehm.

**Wahrnehmung
der Umwelt:**

**Unangenehm**

**Angenehm**

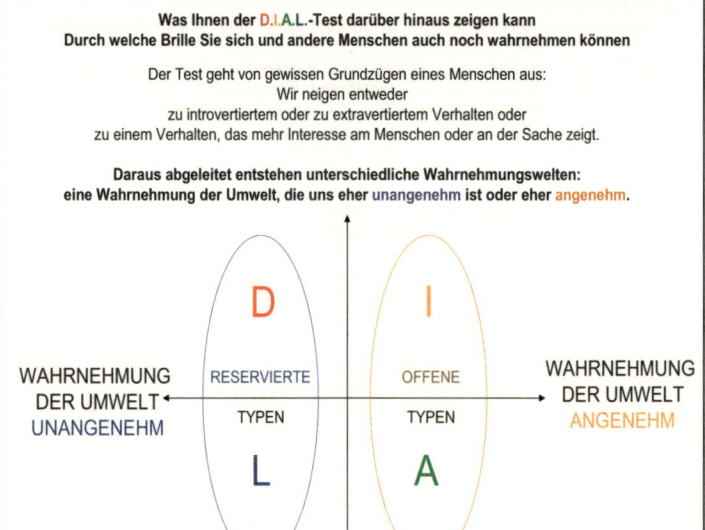

| | **D** | **I** | |
|---|---|---|---|
| WAHRNEHMUNG DER UMWELT UNANGENEHM ← | RESERVIERTE TYPEN | OFFENE TYPEN | → WAHRNEHMUNG DER UMWELT ANGENEHM |
| | **L** | **A** | |

190

**Was Ihnen der D.I.A.L.-Test zeigen kann**

**Durch welche Brille Sie sich und andere Menschen wahrnehmen können**

Der Test geht von gewissen Grundzügen eines Menschen aus:

Wir neigen entweder

zu introvertiertem oder zu extravertiertem Verhalten oder

zu einem Verhalten, das mehr Interesse am Menschen oder an der Sache zeigt.

Daraus abgeleitet entstehen unterschiedliche Wahrnehmungswelten:

• eine Wahrnehmung der Umwelt, die uns angenehm ist oder eher unangenehm

**• eine Wahrnehmung der eigenen Person, die sich entweder stark oder eher schwach in ihrem Umfeld fühlt**

Das Gefühl im menschlichen Umfeld:

Fühlt sich wohl

Fühlt sich weniger wohl

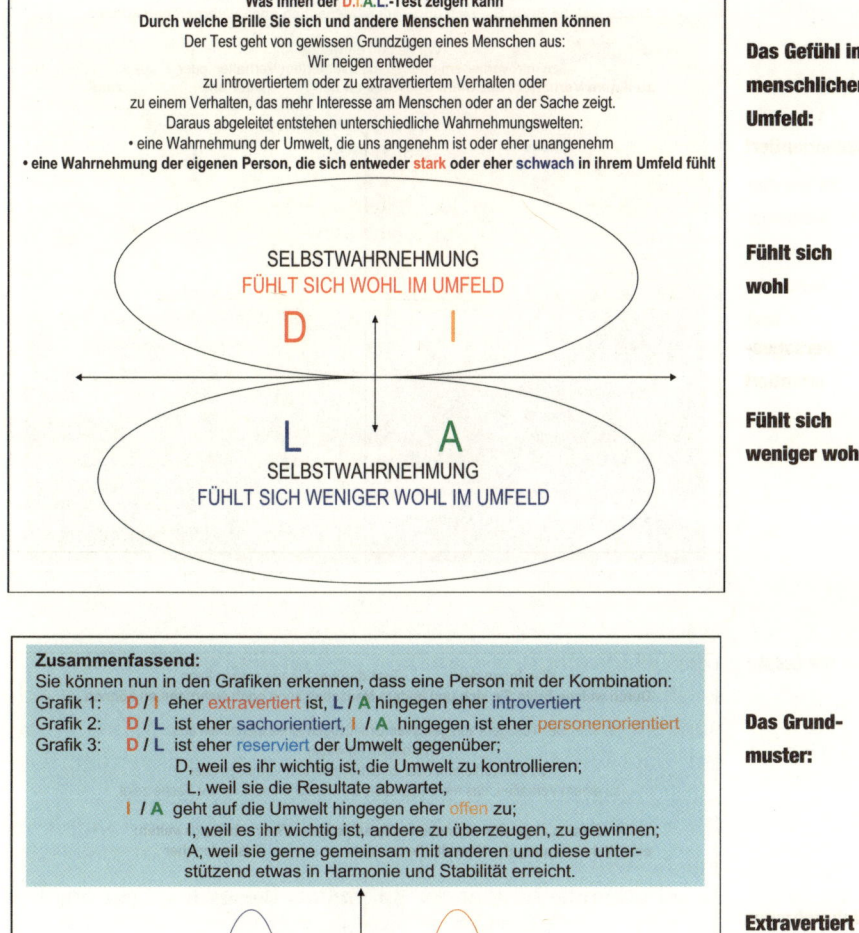

**Zusammenfassend:**

Sie können nun in den Grafiken erkennen, dass eine Person mit der Kombination:

Grafik 1:  D / I  eher extravertiert ist, L / A hingegen eher introvertiert

Grafik 2:  D / L  ist eher sachorientiert, I / A hingegen ist eher personenorientiert

Grafik 3:  D / L  ist eher reserviert der Umwelt gegenüber;

D, weil es ihr wichtig ist, die Umwelt zu kontrollieren;

L, weil sie die Resultate abwartet,

I / A  geht auf die Umwelt hingegen eher offen zu;

I, weil es ihr wichtig ist, andere zu überzeugen, zu gewinnen;

A, weil sie gerne gemeinsam mit anderen und diese unterstützend etwas in Harmonie und Stabilität erreicht.

Das Grundmuster:

Extravertiert
Sachorientiert
Reserviert
Offen
Personenorientiert
Introvertiert

191

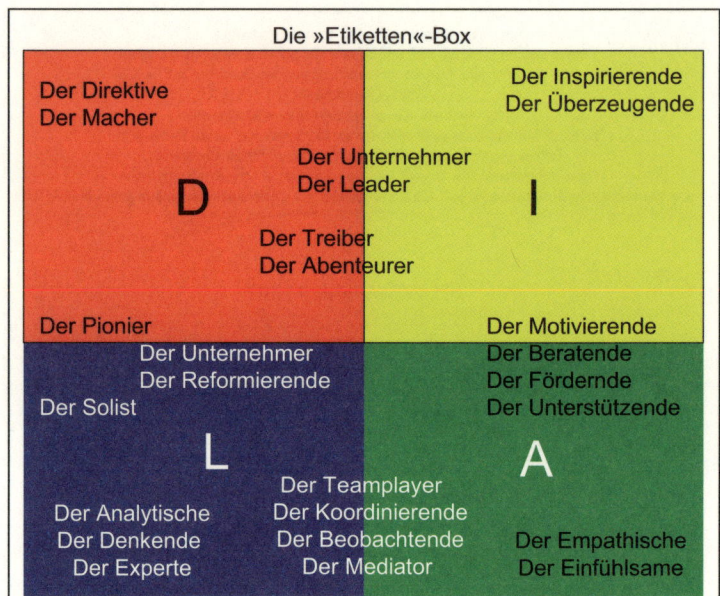

**Die »Etiketten«-Box**

| | | |
|---|---|---|
| **Der Direktive** **Der Macher** | | **Der Inspirierende** **Der Überzeugende** |
| **D** | Der Unternehmer Der Leader | **I** |
| | Der Treiber Der Abenteurer | |
| Der Pionier | | Der Motivierende |
| | Der Unternehmer Der Reformierende | Der Beratende Der Fördernde |
| Der Solist | | Der Unterstützende |
| **L** | | **A** |
| | Der Teamplayer Der Koordinierende | |
| Der Analytische Der Denkende Der Experte | Der Beobachtende Der Mediator | Der Empathische Der Einfühlsame |

**Die Gefahr** Die Gefahr einer Zuschreibung von eindeutigen Begriffen, wie sie in der Etikettenbox stehen, ist, dass wir Menschen dadurch punziert werden; dass Phantombilder eine Verstärkung erhalten; dass wir auf nur eine Dimension reduziert werden; dass somit Entwicklungsmöglichkeiten verschüttet werden.
Die Möglichkeit, einen Menschen auch einmal ganz anders zu sehen, wird dadurch verhindert.
Es geht demnach nicht darum, mittels dieses Tests ein objektives Bild vom Menschen zu zeichnen.

**Sinn und Zweck** Der Sinn der Zuordnungsarbeit von Verhalten ist das Gespräch zwischen demjenigen, der das Fremdbild abgibt, und dem, der eingestuft wird.

**Das Ziel** Das Ziel ist vielmehr, die blinden Flecken durch Feedbacks zu reduzieren; zu erkennen, wie man auf andere wirkt; weiters
**Erkenne dich** sollen Fremd- und Selbstbild eine Annäherung erfahren, und so
**selbst** soll die Basis gelegt werden für mögliche Veränderungen.

## F.A.N.S.©-Bedürfnistest

Bedürfnisse sind Mangelgefühle, die nach Befriedigung rufen. Der F.A.N.S.©-
Sie gehören zu unserer menschlichen Grundausstattung. Die- Bedürfnistest
ses Modell will sich abgrenzen von den durch Professor Mas- zur Bedürfnis-
low bekannten Bedürfnissen, die er in seiner Maslow-Pyramide diagnose
abgebildet hat: die Grundbedürfnisse (Essen, Trinken, Schlaf,
Sex), darüber in einer hierarchischen Anordnung die Sicher-
heitsbedürfnisse, die sozialen Bedürfnisse und als Spitze die
Selbstverwirklichung. Maslow selbst distanzierte sich von diesem Modell. In Unternehmen wird es wohl wegen seiner Hie-
rarchisierung gern gesehen.

Das hier vorgestelle Modell, das zurückgeht auf Professor Lay
ist nicht hierarchisch: Die vier Grundstrebungen Aggressivität,
Narzissmus, Soziales, Freundschaft stehen – vorerst – gleich-
wertig nebeneinander, sie sind weder gut noch schlecht, alle
vier machen uns Menschen mit aus.
In weiterführenden Feedbackschleifen kann ein »Zu viel« und
ein »Zu wenig« ausgelotet werden.

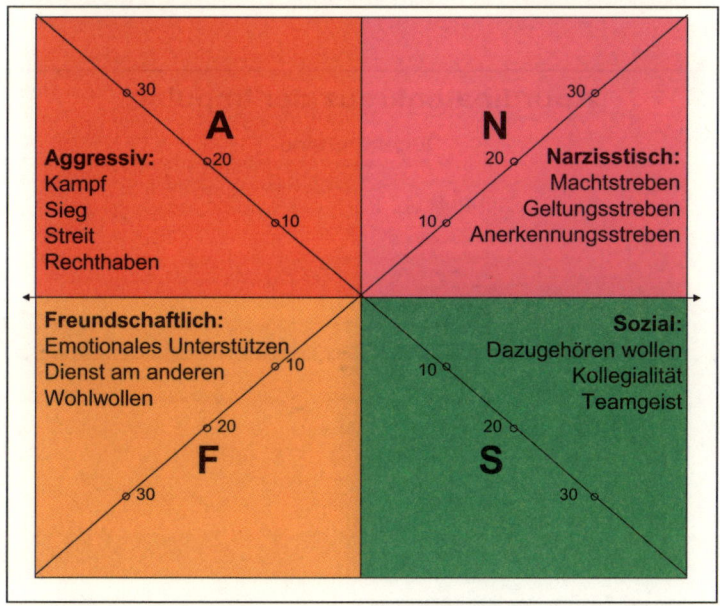

193

## Impulsetest nach Professor Riemann

**Der Impulse-test**

**Was uns antreibt**

Professor Fritz Riemann hat als Psychologe und Astronom die These vertreten, dass die Makroprozesse und -phänomene des Universums sich im Menschen, als Teil des Universums, abbilden. In seiner mehrere Jahrzehnte dauernden praktischen psycholgischen Arbeit arbeitete er mit mehr als 12 000 Patienten. Riemann erkannte als Muster der Himmelskörper, dass es solche gibt,

- die sich um sich selbst drehen – wie die Sonne,
- die sich nur um andere drehen – wie der Mond, und dass es auch solche gibt,
- die sich um sich selbst drehen und auch noch um andere – wie die Erde und andere Planeten.

Auf den Menschen umgelegt erkennen wir solche,
die sich den Sonnen gleich nur um sich selbst drehen,
die den Monden gleich nur sich um andere drehen.

Weiters unterschied er zwischen zentripetalen Kräften, die den Impuls nach Stabilität bewirken, und zentrifugalen Kräften, die den Impuls nach Wandel haben.

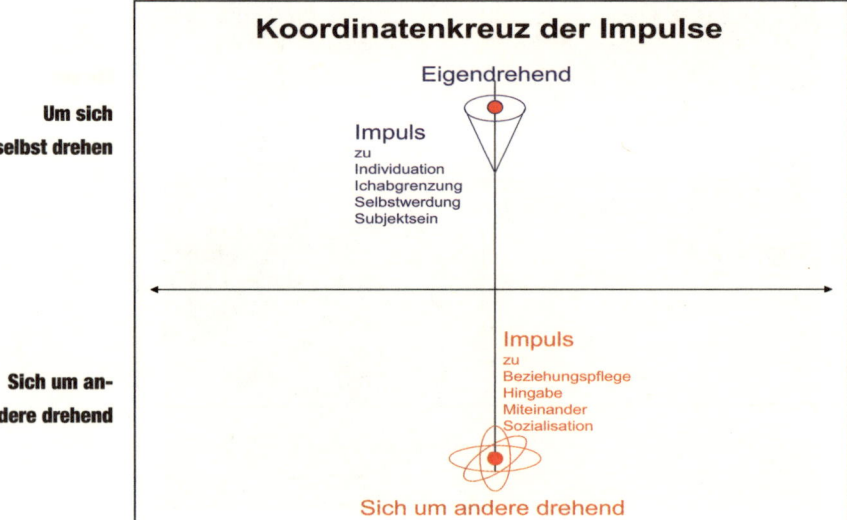

**Um sich selbst drehen**

**Sich um an-dere drehend**

### Koordinatenkreuz der Impulse

Eigendrehend

Impuls
zu
Individuation
Ichabgrenzung
Selbstwerdung
Subjektsein

Impuls
zu
Beziehungspflege
Hingabe
Miteinander
Sozialisation

Sich um andere drehend

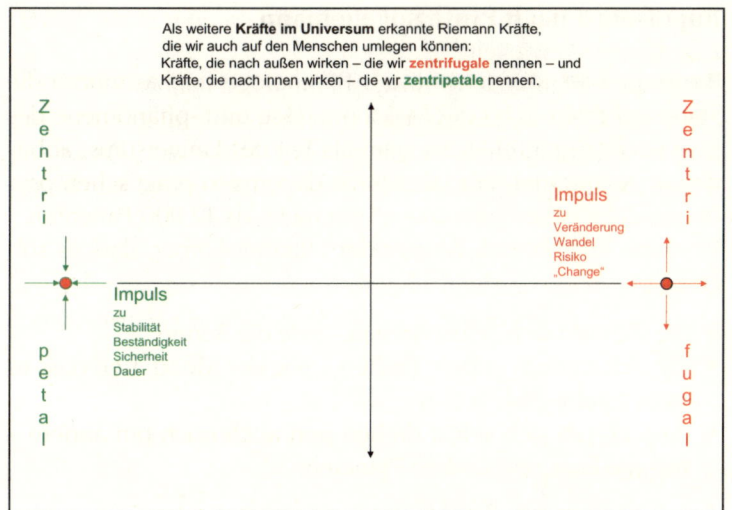

Als weitere **Kräfte im Universum** erkannte Riemann Kräfte, die wir auch auf den Menschen umlegen können: Kräfte, die nach außen wirken – die wir **zentrifugale** nennen – und Kräfte, die nach innen wirken – die wir **zentripetale** nennen.

Z e n t r i

Impuls
zu
Veränderung
Wandel
Risiko
„Change"

Z e n t r i

**Impuls
nach Stabil-
ität**

Impuls
zu
Stabilität
Beständigkeit
Sicherheit
Dauer

p e t a l

f u g a l

**Impuls nach
Wandel**

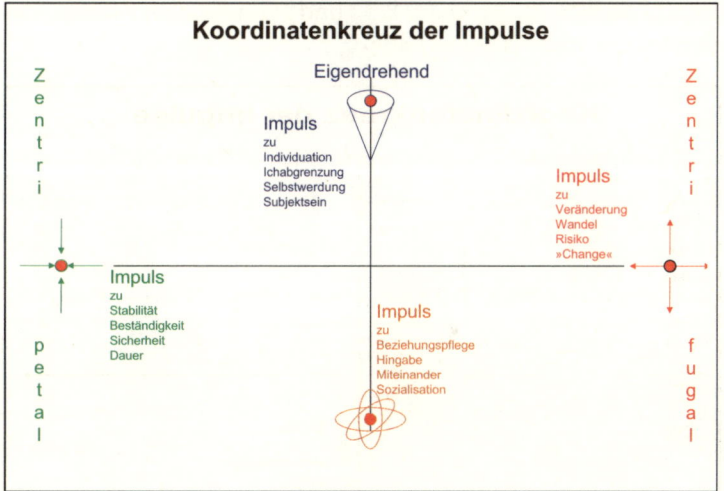

## Koordinatenkreuz der Impulse

Eigendrehend

Z e n t r i

Impuls
zu
Individuation
Ichabgrenzung
Selbstwerdung
Subjektsein

Impuls
zu
Veränderung
Wandel
Risiko
»Change«

Z e n t r i

**Die vier
Impulse auf
einen Blick**

Impuls
zu
Stabilität
Beständigkeit
Sicherheit
Dauer

Impuls
zu
Beziehungspflege
Hingabe
Miteinander
Sozialisation

p e t a l

f u g a l

195

**Die Schatten-** Aus diesen Impulstypen hat Professor Riemann nun pro Impuls
**seite** Angsttypen entwickelt:
Angst vor Hingabe, Ichverlust, Abhängigkeit, Nähe
**Vom Impuls** Angst vor Distanz, Ungeborgenheit, Selbstwerdung, Isolierung
**zur Angst** Angst vor Unsicherheit, Vergänglichkeit, Wandlung, Risiko
Angst vor Endgültigkeit, Notwendigkeit, Unfreiheit, Starrheit

**Pathogene** Die Übersteigerung von Impulsen wie auch Ängsten kann in
**Muster** krankhafter Ausformung zu pathogenen Persönlichkeitstypen
führen:

➢ Der Eigendrehende wird zum Schizoiden.
➢ Der Sozialbezogene, sich um andere Drehende, wird zum
  Depressiven.
➢ Der Zentripetale wird zum Zwanghaften.
➢ Der Zentrifugale wird zum Hysterischen.

**Die vier**
**pathogenen**
**Typen**

**Schizoid**

**Hysterisch**

**Depressiv**

**Zwanghaft**

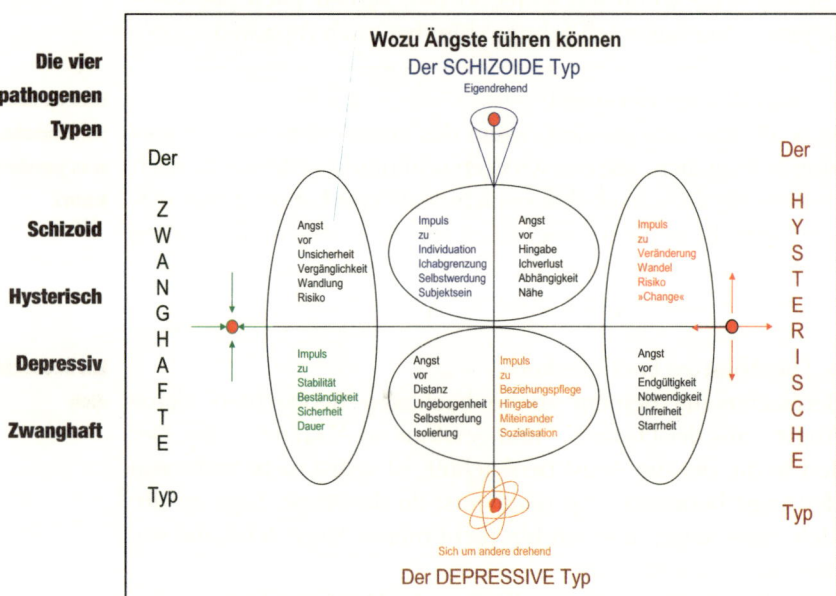

196

# Vom Umgang mit Ängsten

1. Das Eingestehen der Ängste
Angst gehört zum Menschen. Hätte er keine Angst, hätte er kein Maß. Angst hat immer einen Sinn. Ich muss freundlich mit ihr umgehen. Wer sich Ansgt verbietet, gerät oft in Panik. Angst verstärkt so Angst – der Teufelskreis beginnt.

**Ängste haben Sinn**

2. Das Gespräch mit der Angst
Im Gespräch – wie mit einer Person – erhält sie ein Gesicht. Fragen an die Angst: Wem giltst du? Wovor, vor wem lässt du mich zurückschrecken? Was könnte geschehen? Kenne ich die Signale? Habe ich vor dir, Angst, Angst?

**Ich spreche mit dir**

3. Das Erforschen der Ursachen der Angst
Sind es angstvolle Erfahrungen aus der Kindheit? Sind es falsche Grundannahmen wie »Ich darf keinen Fehler machen!«, »Nur wenn ich fehlerfrei bin, achten mich die Menschen«, »Nur wenn ich sehr gut bin, hat mich Papa lieb«.

**Woher kommst du?**

4. Das Erlauben der Angst
Male dir aus, was passiert, wenn das angstauslösende Ereignis eintritt. Frag dich: »Ist das wirklich schlimm?« – Strebst du nach deinem Idealich, nach deinem Ichideal? Wer hat dir dieses eingepflanzt? Ist es dir wichtig, so zu sein, wie andere dich haben wollen? Woher definierst du dich? Ist dein Ideal menschlich, mit Maß? Erlaubst du dir, Schwächen zu zeigen?

**Was ist das Schlimmste, was passieren kann?**

5. Die Angst zu Ende denken
Beobachte mit deinem »unbeobachteten Beobachter« deine Angst – aus der Distanz – und gewinne so Abstand zu ihr. Der Teil in dir, der die Angst beobachtet, ist selbst nicht mehr von der Angst beherrscht. So relativierst du die Angst. Sage zu dir: »Ich habe Angst, aber ich bin nicht meine Angst. Ich habe sie, aber sie hat nicht mich!«
So verlieren wir – in diesem Prozess der Disidentifikation – den Druck, sie loswerden zu müssen. Sie darf sein, aber sie hat mich nicht im Griff. Würgegriff – ade!

**Ich beobachte dich**

## Konfliktsprachetest

**Konflikt-
sprachetest** Der Konfliktsprachetest zeigt Ihnen Ihre Tendenz zu antworten, wenn auf Sie ein Mensch zukommt, der sich mit Problemen, hohem Aggressionspotenzial, Resignation, Beschwerden etc. an Sie wendet.

Das Kennzeichnende eines Konflikts ist die ihm innewohnende und ihn bestimmende Emotion, und zwar die destruktiv-aggressive. Die Atmosphäre ist neagtiv aufgeladen. Dies unterscheidet ihn von der nüchternen Meinungsverschiedenheit, deren Kennzeichen die Sachlichkeit ist. Um Konflikte von der emotionalen Ebene auf die »rein sachliche« Ebene zu bringen, braucht es einen der beiden Kontrahenten, der seine Emotionen in den Griff bekommt, um so auch den anderen deeskalieren zu können (lat. »scala« = die Treppe). Ist dazu keine der beiden Konfliktparteien in der Lage, so eskaliert der Konflikt – ohne Wenn und Aber.

Der Sprache kommt im Konflikt ihre zivilisatorische Bedeutung zu. Ihre Art, mit Sprache im Spannungsfeld umzugehen, wird in diesem Test festgestellt. Folgendes Bild zeigt ein derartiges Resultat, wobei in unserer Internetauswertung weitere Erklärungen, die Gefahren der sechs Antwortvarianten vor Augen führen: A bis E stellen dominante Antworten dar und sind im Konflikt ungeeignet, denn:

> »Beinahe niemand ist im Konflikt in der Lage,
> Dominanz zu ertragen.«

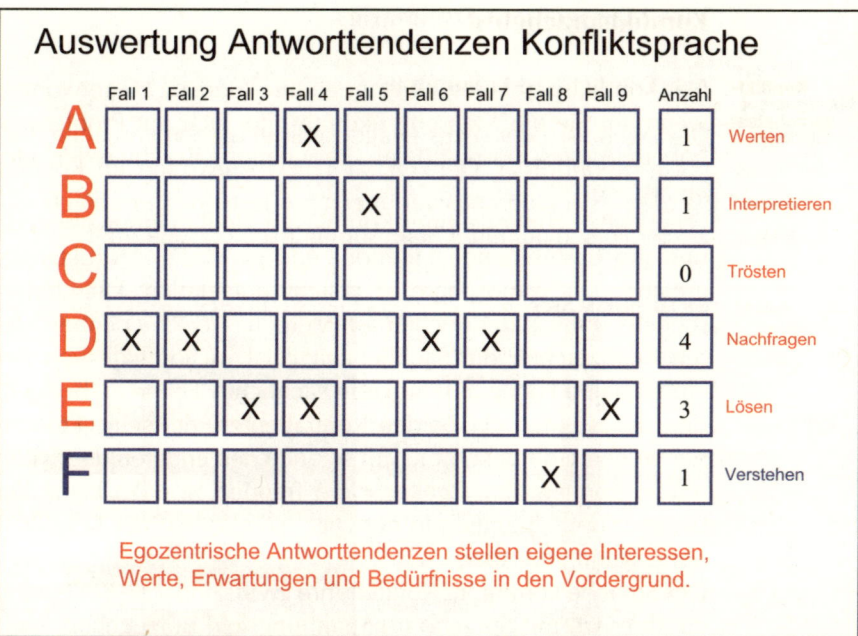

## Auswertung Antworttendenzen Konfliktsprache

| | Fall 1 | Fall 2 | Fall 3 | Fall 4 | Fall 5 | Fall 6 | Fall 7 | Fall 8 | Fall 9 | Anzahl | |
|---|---|---|---|---|---|---|---|---|---|---|---|
| **A** | | | | X | | | | | | 1 | Werten |
| **B** | | | | | X | | | | | 1 | Interpretieren |
| **C** | | | | | | | | | | 0 | Trösten |
| **D** | X | X | | | | X | X | | | 4 | Nachfragen |
| **E** | | | X | X | | | | | X | 3 | Lösen |
| **F** | | | | | | | | X | | 1 | Verstehen |

Egozentrische Antworttendenzen stellen eigene Interessen, Werte, Erwartungen und Bedürfnisse in den Vordergrund.

199

Die vier
Management-
Summaries
des Wiener
Diagnose-
kreises

## A.1 Die Acht-Tests-Summary

Die Ergebnisse der sechs Diagnosedimensionen Verhalten, Impulse, Bedürfnisse, Denken, Zeit und Antworten im Konflikt werden – nach den Auswertungen pro Test – nun pro diagnostizierter Person auf einer Seite summarisch präsentiert:

| DIE ACHT-TESTS-SUMMARY | | | 10 | 20 | 30 | 40 | 50 | 60 | 70 | 80 | 90 | 10 |
|---|---|---|---|---|---|---|---|---|---|---|---|---|
| VERHALTEN | D | Direktiv | | | | | | | | | | |
| | I | Inspirierend | | | | | | | | | | |
| | A | Ausgleichend | | | | | | | | | | |
| | L | Logisch | | | | | | | | | | |
| IMPULSE | F | Zentrifugal | | | | | | | | | | |
| | E | Eigendrehend | | | | | | | | | | |
| | S | Sozialbezogen | | | | | | | | | | |
| | P | Zentripetal | | | | | | | | | | |
| BEDÜRFNISSE | F | Freundschaftlich | | | | | | | | | | |
| | A | Aggressiv | | | | | | | | | | |
| | N | Narzisstisch | | | | | | | | | | |
| | S | Sozial | | | | | | | | | | |
| LINKS-RECHTS | L | Regelorientiert | | | | | | | | | | |
| | R | Spontan | | | | | | | | | | |
| DIVERGENT | D | Macht aus 1 vieles | | | | | | | | | | |
| KONVERGENT | K | Macht aus vielem 1 | | | | | | | | | | |
| MONOCHRON | M | Präzise-zielorientiert | | | | | | | | | | |
| POLYCHRON | P | Vernetzt | | | | | | | | | | |
| CHRONOS | C | Getaktet | | | | | | | | | | |
| KAIROS | K | Rhythmisch | | | | | | | | | | |
| KONFLIKTSPRACHE | W | Wertend | | | | | | | | | | |
| | I | Interpretierend | | | | | | | | | | |
| | T | Tröstend | | | | | | | | | | |
| | N | Nachforschend | | | | | | | | | | |
| | L | Lösend | | | | | | | | | | |
| | V | Verstehend | | | | | | | | | | |

In einer weiteren Variante können Sie pro Diagnosedimension auch die Gegenüberstellung des Selbstbildes und der Summe der Fremdbilder aufbereitet bekommen.

Ausgehend von diesem Persönlichkeitsprofil werden individuelle Entwicklungsprogramme ermöglicht.

Die elf Tugenden werden im Selbstbild in ihren negativen und positiven Ausprägungen wie auch bilanziert präsentiert.

|  | -5 | -4 | -3 | -2 | -1 | 1 | 2 | 3 | 4 | 5 | SUMME |
|---|---|---|---|---|---|---|---|---|---|---|---|
| KLUGHEIT |  |  |  |  |  |  |  |  |  |  | -1 |
| MUT |  |  |  |  |  |  |  |  |  |  | 5 |
| MÜSSIGUNG |  |  |  |  |  |  |  |  |  |  | 1 |
| GERECHTIGKEIT |  |  |  |  |  |  |  |  |  |  | 1 |
| EINFACHHEIT |  |  |  |  |  |  |  |  |  |  | 5 |
| AUFRICHTIGKEIT |  |  |  |  |  |  |  |  |  |  | 5 |
| TOLERANZ |  |  |  |  |  |  |  |  |  |  | -1 |
| DANKBARKEIT |  |  |  |  |  |  |  |  |  |  | -4 |
| BARMHERZIGKEIT |  |  |  |  |  |  |  |  |  |  | -1 |
| FREUNDSCHAFT |  |  |  |  |  |  |  |  |  |  | 3 |
| TREUE |  |  |  |  |  |  |  |  |  |  | 1 |

Klugheit ist die Disposition, die uns befähigt, im Voraus zu überlegen, was am Ende rauskommt. Kluge bedenken die Zukunft. Kluge überlegen Hindernisse und Umwege. In der Stoa ist die Klugheit die Wissenschaft vom Tun und Unterlassen. **Klugheit**

Mut bedeutet Handeln trotz Angst. Aller Mut ist Willenskraft, ist Ankämpfen gegen äußere Hindernisse, aber auch gegen innere wie Schmerz, Trauer. Mut ist Handeln aus Liebe zum Guten. **Mut**

Mäßigung bedeutet zu unterscheiden zwischen einem Zuviel und einem Zuwenig. **Mäßigung**

Die Gerechtigkeit verlangt, »jedem das Seine« zukommen zu lassen. Sie fordert nicht die Gleichheit ein. **Gerechtigkeit**

Die Einfachheit ist die Fähigkeit, Komplexität zu reduzieren. **Einfachheit**

Die Aufrichtigkeit ist die Fähigkeit, sein Inneres mit Wort und Tat zur Übereinstimmung zu bringen. **Aufrichtigkeit**

Toleranz bedeutet, die Andersartigkeit des anderen anzunehmen. **Toleranz**

Danken heißt teilen. Die Dankbarkeit ist die Fähigkeit, Schenkenden für den Erhalt einer Gabe, Gefühle zu zeigen und Worte zu schenken, dieses Gefühl mit ihnen zu teilen. **Dankbarkeit**

**Barmherzig-** Barmherzigkeit ist die Tugend der Vergebung: »Barmherzigkeit
**keit** vor Gerechtigkeit, Gnade vor Recht«. Sie verlangt aufzuhören
zu hassen.

**Freundschaft** Freundschaft ist die Fähigkeit, von Gefühlen getragene Beziehungen zu pflegen, dem anderen das Gute wünschen.

**Treue** Treue ist die Tugend des Erinnerns, die Fähigkeit, Wertvolles
sich erinnernd zu schätzen und zu schützen.

202

## A.3 Die Summary der Basics

In acht unserer Themenkreisen und über 48 Unterthemen wird eine Rangordnung unserer Interessen, Werte, Motive, Entwicklungs- und Freizeitwünsche, Neigungen, Träume, politischen Interessen und unserer Vorbilder erstellt.

Diese Diagnosedimension wird vornehmlich nur im Selbstbild ausgewertet, da sie tief in die eigenen Wertelandschaften Einsicht gibt.

| Pri-orität | Was mich interessiert | Was ich gerne in meiner Freizeit mache |
|---|---|---|
| 1 | Psychologie und Soziologie | Lesen, Musisches genießen, Philosophieren |
| 2 | Philosophie, Theologie und Ethik | Sport, in der Natur sein |
| 3 | Naturwissenschaften | Mit Menschen zusammen und für sie da sein |
| 4 | Wirtschaft | Einkaufen |
| 5 | Kunst | Kochen, gut essen und trinken |
| 6 | Politik | Kreatives gestalten |
|  | **Was mir wichtig ist** | **Was ich mit viel Geld machen würde** |
| 1 | Pünktlichkeit, Ordnung, Sauberkeit, Disziplin | Auf die hohe Kante legen |
| 2 | Zivilcourage, Freiheit und Unabhängigkeit | Investieren, um Rendite zu erzielen |
| 3 | Soziale Kontakte, Freundschaften pflegen | Für Bedürftige spenden |
| 4 | Natur genießen | Mich weiterbilden |
| 5 | Wissensaneignung | Aussteigen ins süße Nichtstun |
| 6 | Finanzielle Sicherheit | Aussteigen ins Abenteuer |
|  | **Was mich motiviert** | **Worin der Staat investieren soll** |
| 1 | Mit anderen gemeinsam Ziele anstreben | Innere Sicherheit und Verteidigung |
| 2 | Lernen und Kreatives gestalten | Bildung und Forschung |
| 3 | Menschen entwickeln und führen | Kunstförderung |
| 4 | Geld und Vermögen vermehren | Wirtschaftsprogramme |
| 5 | Über das Leben nachdenken | Arbeitsplätze |
| 6 | Über mich reflektieren | Alte, Schwache, Kranke |
|  | **Worin ich mich entwickeln möchte** | **Wen ich als Vorbild sehe** |
| 1 | Finanziell wachsen | Unternehmer |
| 2 | Psychisch-mentale Stärke entwickeln | Forscher und Abenteurer |
| 3 | Physische Gesundheit pflegen | Wissenschaftler |
| 4 | Besser mit anderen umgehen können | Weise, Geistliche, Philosophen |
| 5 | In der Führung von Menschen | Sozial Engagierte |
| 6 | In Effektivität und Effizienz | Künstler, Dichter, Maler, Komponisten |

## Die Team-Summary

Die Zusammenfügung der Tests aller Personen eines Teams, einer Abteilung, einer organisatorischen Einheit ermöglicht, die soziale und funktionale Passung der Menschen zueinander zu bestimmen und konzentriert in einer klaren Übersicht vor Augen zu führen.

| TEAM-QUALIFIKATION | SUMMARY | DER WIENER DIAGNOSEKREIS | | |
|---|---|---|---|---|
| **VERHALTEN** | **D** | **I** | **A** | **L** |
| Maier | 15 | 35 | 30 | 20 |
| Müller | 30 | 20 | 15 | 35 |
| Berger | 35 | 20 | 15 | 30 |
| **IMPULSE** | Eigendrehend | Zentrifugal | Sozial | Zentripetal |
| Maier | 15 | 30 | 35 | 20 |
| Müller | 30 | 15 | 15 | 40 |
| Berger | 35 | 25 | 10 | 30 |
| **BEDÜRFNISSE** | Aggressiv | Freundschaftlich | Sozial | Narzisstisch |
| Maier | 15 | 30 | 30 | 25 |
| Müller | 25 | 15 | 20 | 40 |
| Berger | 30 | 25 | 25 | 20 |
| **DENKEN** | Links | Rechts | | |
| Maier | 20 | 80 | | |
| Müller | 60 | 40 | | |
| Berger | 70 | 30 | | |
| **DENKEN** | Divergent | Konvergent | | |
| Maier | 40 | 60 | | |
| Müller | 35 | 65 | | |
| Berger | 25 | 75 | | |
| **ZEITUMGANG** | Monochron | Polychron | | |
| Maier | 40 | 60 | | |
| Müller | 35 | 65 | | |
| Berger | 30 | 70 | | |

| ZEITTYPUS Chronos | Ungeduldig | Getaktet | Treibend | Planend | Gereizt | Gestresst |
|---|---|---|---|---|---|---|
| Maier | 5 | 4 | 5 | 4 | 5 | 5 |
| Müller | 1 | 1 | 3 | 3 | 1 | 1 |
| Berger | 2 | 2 | 1 | 4 | 2 | 2 |

| ZEITTYPUS Kairos | Kairos | | | | | |
| | Geduldig | Rhythmisch | Muflevoll | Spontan | Gelassen | Stoisch |
|---|---|---|---|---|---|---|
| Maier | 1 | 1 | 1 | 1 | 1 | 1 |
| Müller | 4 | 4 | 3 | 3 | 5 | 4 |
| Berger | 3 | 3 | 4 | 5 | 3 | 4 |

| ZEITTYPUS | Chronos | Kairos | | | | |
|---|---|---|---|---|---|---|
| Maier | 82 | 18 | | | | |
| Müller | 30 | 70 | | | | |
| Berger | 37 | 63 | | | | |

| KONFLIKTSPRACHE | Werten | Interpretieren | Trösten | Nachfragen | Lösen | Verstehen |
|---|---|---|---|---|---|---|
| Maier | 0 | 0 | 2 | 5 | 2 | 0 |
| Müller | 2 | 1 | 0 | 4 | 3 | 0 |
| Berger | 0 | 0 | 1 | 2 | 4 | 2 |

204

# Kraftquellen, auf die Sie sich verlassen können

Wir haben die feste Überzeugung, dass es uns gemeinsam gelingen kann, unsere Arbeit verstärkt mit Freude zu füllen. Wir wissen, dass Menschen durch Arbeit, die als sinnvoll wahrgenommen, gemeinsam getan und im guten Maß ausgeführt wird, mehr Kraft empfangen, als sie zu dieser Arbeit an Energie eingebracht haben.

Sie können sich darauf verlassen, dass es uns allen gut geht,

➤ wenn wir denjenigen Menschen, für die wir als Führungskräfte die Verantwortung übernommen haben, Orientierung geben durch eine klare Perspektive, eine kraftvolle Vision; wenn wir ihnen klar zeigen, wozu wir etwas tun; **Sinn**

➤ wenn wir die Mitarbeiter darin unterstützen, das bringen zu können, was sie einbringen wollen, denn Menschen wollen Leistung erbringen. Und wenn es uns wichtig ist, mit einem möglichst geringen Input einen maximalen Output zu erzielen; **Leistung**

➤ wenn wir mit klaren Zielen die Bedingungen schaffen, dass durch den Erfolg das Selbstwertgefühl der Menschen gesteigert wird; **Erfolg**

➤ wenn wir Menschen etwas zutrauen und ihnen vertrauen. Die notwendige Kontrolle gibt uns die Möglichkeit, den Menschen nach dem Erbringen einer guten Leistung die nötige Achtung zu schenken; **Vertrauen**

➤ wenn wir die Energien der Menschen auf das gemeinsame Ziel ausrichten und wir dafür sorgen, dass kein Mitglied gegen ein anderes kämpft; **Teamgeist**

➤ wenn wir uns permanent vor Augen führen, dass im Grunde alles auch einfach geht; und **Einfachheit**

➤ wenn wir weniger arbeiten und mehr führen. **Führen**

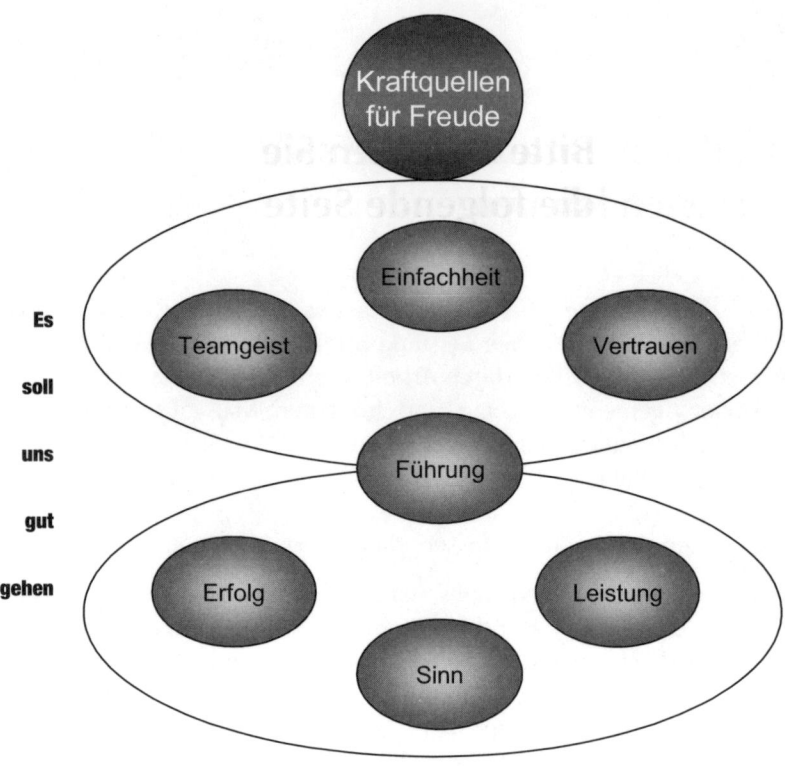

Ich wünsche Ihnen, dass Sie Freude bei Ihrer Arbeit erleben.

**Bitte beachten Sie
die folgende Seite**

# Peter Gruber
## *Gewinnen können statt siegen müssen*

### *Die Kunst herrschaftsfreier Problemlösung*

Die Kunst der Dialektik wurde bereits in der Antike gepflegt und schuf hohes Ansehen für jene, die sie beherrschten, die durch sie Macht ausübten und behaupteten.

In der Dialektik geht es also um Macht, deren rechten Gebrauch und um den Verzicht auf Missbrauch. Wer Macht hat, übt Herrschaft aus, will siegen, zumindest aber gewinnen. Es gibt demnach immer Besiegte. Wie diese Gegensätze aufgelöst oder vermieden werden, das zeigt Peter Gruber. Denn das ursprüngliche, ethische Ziel der Dialektik ist die herrschaftsfreie Problemlösung. Richtig verstandene Dialektik schafft Klarheit im Denken, gibt Reinheit im Fühlen und Stärke im Tun.

224 Seiten, ISBN 978-3-85436-350-7
Signum

# Lesetipp

BUCHVERLAGE
LANGENMÜLLER HERBIG NYMPHENBURGER
WWW.HERBIG.NET